AF453476

TRAVAUX PRÉPARATOIRES

DU

Congrès Général du Génie Civil

SESSION NATIONALE

(Mars 1918)

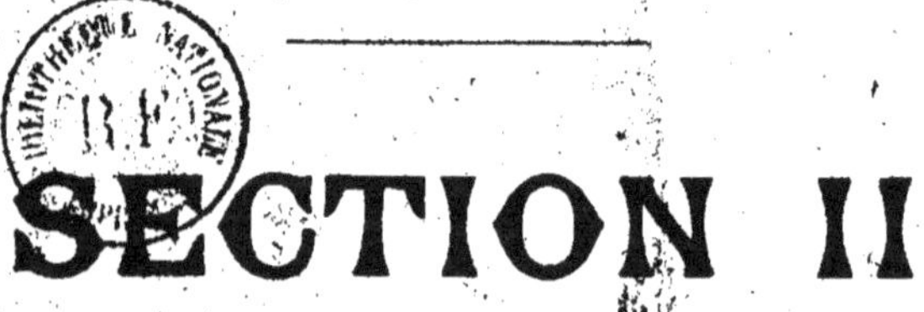

SECTION II

INDUSTRIES DES TRANSPORTS

Rapports présentés à la Section II

PARIS

HOTEL DE LA SOCIÉTÉ DES INGÉNIEURS CIVILS

19, RUE BLANCHE, 19

1918

TRAVAUX PRÉPARATOIRES

DU

Congrès Général du Génie Civil

SESSION NATIONALE

(Mars 1918)

SECTION II

INDUSTRIES DES TRANSPORTS

Rapports présentés à la Section II

PARIS

HOTEL DE LA SOCIÉTÉ DES INGÉNIEURS CIVILS

19, RUE BLANCHE, 19

1918

Président : M. le Commandant CLOAREC.

—

RAPPORT

de M. JOUBIN,

SUR

L'UTILISATION DES FORCES ET DES PRODUITS DE LA MER

—

Le programme de la sous-section était assez varié et intéressant pour faire espérer un grand nombre de réponses à notre questionnaire; il n'en a rien été, contrairement à notre attente. Aussi le rapporteur se voit-il réduit à exposer sommairement quelques idées dont il a déjà entretenu la section et qui lui semblent pouvoir donner lieu à des études importantes.

La première question indiquée était celle de *l'utilisation des marées.* Depuis longtemps on a cherché çà et là à retenir dans des bassins l'eau de mer à marée haute et à s'en servir à marée basse pour actionner des moulins. Généralement, on n'est pas arrivé à des résultats importants, faute surtout d'avoir retenu des masses d'eau assez considérables. Si, grâce aux moyens puissants dont disposent actuellement nos ingénieurs, on arrivait à fermer des baies suffisamment étendues dans des régions de nos côtes où la marée est assez ample, par exemple sur le littoral breton où elle atteint 9 à 14 mètres, on pourrait actionner des turbines tant à l'entrée qu'à la sortie de l'eau. On trouverait ainsi, non seulement, comme jadis, la force suffisante pour faire tourner des moulins, mais pour produire sans interruption l'électricité nécessaire à l'éclairage, la traction, l'industrie de toute la région voisine. Il ne manque pas d'estuaires et de baies sur nos côtes où un tel aménagement serait réalisable.

Cette question principale soulève toute une série de questions administratives; il y aurait en effet à reviser la réglementation actuelle relative à l'utilisation des estuaires. L'opposition d'un seul propriétaire d'une parcelle de la rive suffit à empêcher toute création. Il faudrait obtenir que le concessionnaire arrive facilement à la déclaration d'utilité publique, ce qui est tout le contraire de la réglementation actuelle.

Une seconde question était posée : celle de *l'utilisation des produits de la mer en dehors des pêches*. Il y a lieu d'y comprendre les produits que l'on peut tirer de l'eau, du sol marin, des plantes marines et des animaux.

Il est vraisemblable que l'on pourrait retirer du sel marin, des eaux-mères des salines, de l'eau même, des produits que l'on néglige actuellement; l'étude de ces produits donnerait lieu à des découvertes qu'il s'agirait de rendre pratiques.

D'autre part, il y aurait lieu d'analyser, au point de vue agricole, certains dépôts littoraux; certains sables, comme le mœrl, la tangue, sont actuellement utilisés, mais d'une manière trop restreinte. Des recherches océanographiques donneraient, sans aucun doute, lieu à la découverte de nouveaux gisements et à des essais d'utilisation de certaines vases et dépôts marins. Il y en a certainement qui contiennent des produits précieux pour les amendements; probablement certaines argiles fines marines pourraient être utilisées pour des poteries spéciales. Resterait, comme précédemment, à simplifier les formalités paralysantes et à étudier la question des transports. La même question se pose à propos de l'exploitation des tourbières très importantes qui forment le fond des plages en maints endroits de nos côtes.

Actuellement, les algues qui poussent en abondance sur nos côtes rocheuses sont partiellement utilisées, soit en bloc à faire du fumier, excellent d'ailleurs, soit, et plus spécialement les laminaires, par brûlage à l'air libre, à produire des cendres mêlées à des sels de soude, d'iode, etc. Ce procédé est rudimentaire et la perte des substances précieuses détruites et volatilisées est énorme. Il y aurait lieu d'étudier l'utilisation plus en grand qu'actuellement de procédés de distillation en vase clos ou de réactions chimiques. Cette étude amènerait certainement la découverte de nouveaux produits des algues actuellement perdus.

Par exemple, une de ces algues, le *Chondrus crispus*, donne un produit mucilagineux dont on fait des gelées, des apprêts, des compositions pharmaceutiques et même des confitures. Elle était récoltée en grand sur nos côtes de Bretagne, séchée et expédiée en Allemagne d'où elle rentrait en France transformée comme il vient d'être dit. Il y aurait lieu de continuer cette récolte que la guerre a suspendue, mais d'en opérer la transformation industrielle chez nous. Il est vraisemblable que d'autres espèces d'algues fourniraient des corps analogues qui pourraient donner la matière première à diverses industries et à la pharmacie.

Dans divers pays, on mange certaines espèces d'algues fraîches ou préparées; c'est ainsi qu'en Écosse, en Norvège, au Japon surtout, elles font la base d'un marché important. Il y aurait lieu de procéder à des recherches sur nos côtes où l'on trouverait certainement des espèces analogues comestibles ou pouvnat être utilisées comme fourrage.

Les prairies marines ou herbiers (formés de zostères et de posydonies) ne sont guère utilisées actuellement que comme donnant une litière pour les bestiaux dans les fermes du littoral.

Et pourtant cette herbe sèche blanchie est une cellulose excellente. Sans insister sur un sujet délicat, disons que l'exportation vient enfin d'en être interdite; on peut penser à quoi elle servait chez nos ennemis. Il y aurait lieu de rechercher si on pourrait élargir l'emploi de la cellulose des feuilles et des fibres des tiges, notamment à la confection des papiers et cartons.

Les sous-produits de la pêche, surtout dans les petits ports, sont le plus souvent rejetés à la mer. Si l'on pouvait trouver moyen de les utiliser sur place ou de les conserver pour être transportés vers des usines lointaines, que de tonnes d'huile, de farine de poisson, de phosphates, on retirerait de toutes ces têtes de sardines, de ces foies de raies, de ces œufs de squales que l'on jette actuellement, sans compter d'autres animaux marins.

Il y aurait lieu d'étudier les procédés de conservation du poisson et d'autres animaux à l'étranger; nous aurions beaucoup à y apprendre dans tout ce qui touche au salage, séchage, fumage; nous pourrions introduire ces procédés chez nous et les adapter à notre climat en les améliorant.

Mais pour arriver à une utilisation rationnelle et économique de tous ces produits marins, pour ne pas marcher à l'aventure en gaspillant inutilement d'importantes ressources, il faut des études préalables dans des laboratoires spécialisés à cet effet, où viendraient travailler des jeunes gens ayant reçu dans nos universités une éducation préliminaire dirigée vers l'industrie. Nous avons sur nos côtes un certain nombre de stations où l'on fait des travaux de biologie marine de premier ordre. Mais ces laboratoires ne sont pas prévus ni outillés pour des recherches à destination industrielle. Il faudrait installer de toutes pièces un laboratoire tout à fait différent qui devrait être en quelque sorte une usine scientifique permettant d'étudier les meilleures méthodes de recherches, d'analyses, de combinaisons, des divers produits retirés de la mer. Il faudrait y annexer des champs d'essais pour les engrais marins, y comprendre des fours de distillation, des étuves de dessiccation, des laboratoires de chimie, d'électricité; enfin un rigorifique, car de ce côté, il y a une foule de recherches nouvelles à entreprendre et d'anciennes à compléter sur l'action du froid sur les tissus des animaux, la chair, l'huile, les os; il faudrait arriver à l'utilisation totale du poisson, tant au lieu de pêche qu'au lieu d'arrivée, s'il n'est pas alors en état de fraîcheur suffisante pour être livré à la consommation. De là à la recherche d'antiseptiques spéciaux, il n'y a qu'un pas.

Pour diriger cette usine-laboratoire, il faudrait des spécialistes, ingénieurs, chimistes, physiciens, qui effectueraient eux-mêmes des recherches et dirigeraient celles de jeunes chercheurs déjà instruits dans les services industrialisés de nos universités; ces préparateurs iraient ensuite fonder ou diriger des usines spéciales sur nos côtes métropolitaines ou coloniales.

Tout ceci représente une grosse mise de fonds, mais les frais pourraient en être faits par les industriels, les Chambres de commerce, les compagnies intéressées. On pourrait prévoir une subvention de l'État, à moins toutefois qu'elle ne soit l'occasion d'une ingérence paralysante.

C'est avec grande raison que l'on réclame la construction d'un navire de recherches océanographiques, véritable laboratoire flottant qui aurait pour mission de recueillir des échantillons des dépôts marins, d'étudier et de préciser les fonds de ponte des poissons, d'établir la carte des terrains de pêche. Tout cela semble nouveau chez nous, mais a été réalisé à l'étranger où l'on s'étonne de notre retard.

Nos concurrents n'hésitent pas à entreprendre une vaste propagande populaire pour la consommation du poisson loin des côtes, pour améliorer les transports. Il y aurait lieu aussi de veiller strictement à ce que les richesses de nos côtes ne soient pas pillées et dilapidées. La surveillance devrait être rigoureuse comme en Amérique où l'on a compris que la liberté exclut la licence et que les règlements de sauvegarde sont faits pour tout le monde et doivent être appliqués à tous dans l'intérêt commun.

Avant la guerre existait une importante organisation scientifique internationale pour l'étude de la mer du Nord, subventionnée par tous les États riverains, sauf la France. Depuis la guerre elle s'est dissoute; il y aurait lieu de la reprendre sur une base plus pratique. Un vaste projet est depuis longtemps à l'étude, sous l'impulsion féconde du Prince de Monaco, pour la Méditerranée. Il est vivement à souhaiter que la France, encore une fois, ne s'en désintéresse pas. En Italie, il a été créé il y a quelques années par des savants de premier ordre, un *Comité thalassographique italien* qui s'est chargé d'étudier toutes les questions scientifiques relatives à l'exploitation de la mer; il reçoit une subvention importante de l'État à laquelle s'ajoutent divers crédits fournis par des institutions et des particuliers. Des résultats de premier ordre ont été obtenus dans les branches les plus diverses : navigation, pêche, marées, météorologie, biologie, etc., de magnifiques laboratoires pourvus d'embarcations puissantes font des travaux en haute mer et sur les côtes, des écoles de pêche fonctionnent. L'Espagne suit le mouvement et s'organise. Nous, nous regardons, peut-être sans voir.

Nous aurons après la guerre la surprise de constater ce qu'on fait et font sans interruption nos concurrents. Souhaitons un prompt réveil et faisons le nécessaire pour ne plus laisser perdre tout ce que la mer nous offre sur notre littoral où d'autres viendront l'exploiter, faute d'avoir chez nous une organisation spéciale, énergique et prévoyante.

Vœux.

1° Installation, à titre d'essái, d'une usine électrogène utilisant les marées sur un point de nos côtes ;

2° Revision de la loi relative aux déclarations d'utilité publique en ce qui concerne les estuaires, les côtes et cours d'eau ;

3° Création d'un laboratoire industriel pour l'étude des produits pouvant être retirés des animaux et des plantes marines, des sédiments littoraux et de l'eau de mer ;

4° Construction d'un navire disposé pour les travaux océanographiques, pour l'étude des régions de pêche, la récolte d'échantillons, les observations scientifiques, et pouvant participer aux travaux internationaux projetés, notamment dans la Méditerranée.

Président : M. le Colonel RENARD.

———

RAPPORT

de M. le Lt-Colonel G. ESPITALLIER

SUR LES

Possibilités de l'Aéronautique après la guerre.

———

Après la période d'activité fébrile qu'elle traverse en ce moment, et le développement considérable qu'ont pris tous les ateliers de fabrication, on doit se demander quelles sont les destinées prochaines de l'industrie aéronautique, à la cessation des hostilités.

Il faut prévoir que les fournitures aux armées cesseront brusquement. Reviendra-t-on purement et simplement au régime d'avant-guerre, où l'aviation civile ne trouvait son champ d'activité que dans le domaine sportif?

Or, les perspectives d'application de ce genre sont forcément limitées, incapables d'alimenter les grandes usines qui se sont construites et qu'on a dû pourvoir d'un coûteux outillage.

Ces usines sont-elles appelées à disparaître? Leur personnel d'ouvriers, tous plus ou moins spécialisés, est-il condamné au chômage ou à chercher sa voie dans d'autres industries? N'est-il pas possible, enfin, de tirer parti des merveilleux pilotes que la guerre a mis en évidence?

En supposant même que les bénéfices de guerre, qui ont été certainement considérables, aient permis d'amortir les constructions et l'outillage, il n'en résulterait pas moins un préjudice énorme au point de vue économique et un brusque déplacement d'équilibre de toute l'industrie.

Il est donc à souhaiter que les constructeurs s'orientent vers une utilisation nouvelle de leurs moyens d'action, soit qu'ils envisagent des fabrications différentes et n'ayant qu'un lointain rapport avec l'aéronautique, soit que celle-ci leur ouvre des débouchés nouveaux.

Or, si la plupart des usines de guerre possèdent un outillage susceptible de s'adapter à une branche quelconque de la construction mécanique, il n'en est pas tout à fait de même des ateliers spécialisés dans les constructions de l'aviation.

Sans doute, les usines pour moteurs d'avions pourraient fabriquer des moteurs d'automobiles, encore que ceux de l'aviation en soient fort différents, mais pour les ateliers fabriquant l'aéroplane proprement dit, l'adaptation à un autre genre de construction se conçoit plus malaisément, sauf peut-être en ce qui concerne la carrosserie.

Il serait regrettable d'ailleurs qu'après un essor merveilleux, les progrès réalisés dans la construction du navire aérien restassent stériles et que l'aéronautique connût une période de marasme et de régression.

Il faut au contraire que, profitant de la vitesse acquise, en quelque sorte, et de l'expérience due aux circonstances, l'aviation voie s'ouvrir devant elle une ère nouvelle et prospère. Après avoir été uniquement un sport à ses débuts, puis un instrument militaire, elle doit rester tout cela, mais s'orienter en outre vers des buts commerciaux ou scientifiques. Son développement rationnel et régulier est à ce prix. Les techniciens et les constructeurs seront assurément d'accord pour adopter ces conclusions.

Les buts nouveaux.

Quels sont donc les buts nouveaux qu'il est possible d'assigner à l'aéronautique ?

Ce qui caractérise le navire aérien, en comparaison avec les autres instruments de transport, peut se résumer dans les deux considérations suivantes :

1° L'avion a la faculté de parcourir en tous sens les continents les plus inaccessibles, les plus dépourvus de routes, en franchissant tous les accidents topographiques. C'est donc un merveilleux instrument] d'exploration géographique, de communication avec les postes avancés que nous avons semés sur des territoires immenses, en Afrique notamment. Ces postes isolés, en enfants perdus, l'avion permet de les ravitailler, si l'on accroît convenablement sa capacité de transport.

2° La vitesse de l'avion lui donne la faculté de franchir de grandes distances, trois ou quatre fois plus vite que tout autre mode de locomotion. On peut donc entrevoir l'utilisation du navire aérien chaque fois que la question de temps entre en jeu.

L'avion, instrument d'exploration et de liaison.

Les continents inconnus et dépourvus de routes sont immenses. Il importe d'en connaître la géographie exacte, d'en tracer la carte. La photographie aérienne en donne les moyens rapides, et la méthode est connue.

Sans doute il ne sera pas nécessaire d'y consacrer des escadrilles nombreuses ; on hésiterait à y engager de trop fortes dépenses ; et pourtant le problème n'est pas exclusivement d'ordre scientifique : il présente au contraire un intérêt économique de premier ordre.

Ne devrait-on considérer cet usage scientifique que comme une branche limitée de l'activité aéronautique, l'emploi des avions comme moyen de communication et même de ravitaillement de nos postes avancés, aux colonies, n'en resterait pas moins une des applications les plus fécondes qu'on peut envisager et il y faudrait des escadrilles nombreuses.

On sait la lenteur des communications et les frais élevés qu'entraînent les ravitaillements par porteurs ou par caravanes. En attendant l'établissement de voies ferrées à travers des espaces sans trafic, — opération coûteuse et dont le rendement ne peut être envisagé qu'à longue échéance, — les routes de l'air sont ouvertes à tout le monde, sans dépenses de construction ni d'entretien. Il suffit de quelques hangars au terminus, quelques points d'atterrissage aménagés sur le parcours, et l'organisation d'un matériel de véhicules appropriés.

Quelle que soit la distance, nos postes lointains se sentiront à quelques heures de leur base ; en quelques heures, ils recevront leur courrier, leurs approvisionnements, leurs relèves. Il ne devrait plus en exister un seul qui restât privé de ce merveilleux système de liaison.

L'avion, instrument de transport commercial.

Dans les pays les mieux pourvus de moyens de transport par voies ferrées, la vitesse de l'avion permet d'envisager son utilisation commerciale, avons-nous dit, chaque fois que la rapidité est la condition primordiale.

1º Le transport de la correspondance est dans ce cas. Un progrès considérable serait réalisé si, sur toute l'étendue de la France, sur les principaux parcours et les plus longs, des lettres pressées n'exigeaient pas plus de quelques heures, et si l'on juge cette rapidité comme inutile pour la plus grande partie des correspondances, il en est toute une catégorie pour laquelle les expéditeurs consentiraient volontiers à payer des taxes supplémentaires, afin d'obtenir une distribution accélérée.

2° Il en est de même de bien des objets, échantillons, petits colis dont l'acheminement rapide offrirait au commerce et à l'industrie des ressources inestimables.

3° On peut se demander si, au début tout au moins, le transport de passagers rencontrerait une clientèle suffisante pour assurer des services réguliers. C'est une question d'avenir. Quelques préjugés, des hésitations faciles à comprendre limiteront sans doute cette clientèle tout d'abord, avant qu'on s'accommode de monter en aéroplane aussi facilement qu'en wagon ou en automobile. Il faudra qu'on soit, dans le public, convaincu que les risques y sont du même ordre. La vulgarisation et l'accoutumance sont affaire de temps ; mais dès à présent, pour peu qu'un bras de mer s'interpose sur le trajet, bien des voyageurs préféreront l'océan aérien à l'océan liquide.

Néanmoins, il est permis de dire que, si l'on hésite à pronostiquer la réussite immédiate d'un service de voyageurs, il n'en est pas de même d'un service postier et commercial, dont la réalisation peut être entreprise dès à présent.

La condition essentielle pour que l'entreprise commerciale soit viable, c'est qu'elle permette une exploitation régulière et ininterrompue.

Les projets et essais en cours.

L'organisation de services réguliers de transport par voie aérienne a déjà fait l'objet d'études en plusieurs pays, ce qui indique que cette question est parmi les préoccupations les plus actuelles.

Vers le milieu de l'année 1917, on signalait que l'activité allemande se portait vers l'organisation de services d'après-guerre, et l'on voyait apparaître l'idée d'un immense trust des entreprises aériennes, sous les auspices des puissances centrales. Une motion a été présentée au Reichstag, qui visait l'organisation d'une Société internationale groupant dans une solide union tous les partenaires de la coalition, pour l'exploitation du trafic sur un vaste réseau de routes aériennes (*Flight*, June 7, 1917). Cette motion formule même un nouveau code de législation pour la circulation aérienne, à soumettre à l'approbation des différents Gouvernements.

De son côté, sans perdre de temps, le Gouvernement autrichien établissait les bases d'un service de courriers aériens, avec passagers, entre Hambourg et Constantinople. Ce service serait doté d'un subside de 2 millions de livres.

Il est possible que ces renseignements émanés de source neutre soient prématurés et appellent quelques réserves ; mais ils montrent en tout cas l'opportunité d'étudier un problème dont l'intérêt n'est pas douteux et de ne pas attendre qu'on se trouve en face du fait accompli.

Dans cet ordre d'idées, chez les nations de l'Entente, un mouvement s'est dessiné en vue de préparer.l'avenir, et des essais préliminaires ont même été tentés.

En Amérique, on sait que depuis longtemps on s'est préoccupé des possibilités de franchissement de l'Atlantique. S'il est difficile de prévoir le moment où l'établissement d'un service régulier sera réalisable pour un aussi long parcours au-dessus de l'eau, ces recherches, tout au moins, ont eu pour premier résultat l'étude d'appareils de grande capacité, aménagés spécialement pour une exploitation commerciale.

Il a été fait également, avec le concours gouvernemental, des essais de poste aérienne sur différents parcours dans l'Alaska et le Massachussett.

Plus près de nous, en Italie, une « Société des transports aériens internationaux » s'est constituée au capital de 1 million de lires, avec l'appui des principales banques du Royaume et de la « Société Savoia » qui s'occupe de constructions aéronautiques.

A la fin du mois de mai 1917, un premier raid d'essai a été effectué entre Turin et Rome, avec un appareil Pomilio du type normal, sommairement modifié pour permettre l'arrimage de 200 kilogrammes de lettres et correspondances. Cet appareil, muni d'un moteur Fiat de 280 chevaux, a permis d'utiles constatations. Le parcours réel de 600 kilomètres a été franchi en 4 h. 13, à une vitesse commerciale de 150 kilomètres à l'heure, avec une consommation totale de 300 litres d'essence et 30 litres d'huile. Il faut compter quinze minutes de mise en marche; la consommation horaire au point fixe était de 75 litres d'essence. Or, le réservoir peut contenir 495 litres, laissant ainsi une marge de sécurité de 45 litres, après six heures de vol sans escale.

En Angleterre, les études sont poursuivies avec le sens pratique que nos voisins apportent dans toutes leurs entreprises. Il existe déjà un bon appareil pour lourdes charges. M. Holt Thomas a développé d'intéressantes considérations sur « l'avenir de l'aviation commerciale » où il a cherché à préciser les dépenses d'exploitation et les conditions de bon rendement d'une entreprise. Il arrive à cette conclusion que le voyage de Londres à Paris pourrait laisser des bénéfices à raison de 5 livres par passager, et d'une manière plus générale en calculant à raison de 3 shillings par mille et par voyageur.

Nous n'entrerons pas dans l'exposé de l'étude financière du transport des lettres ou petits colis, mais, malgré ce que de pareils calculs peuvent avoir d'hypothétique, on peut en conclure qu'une entreprise de ce genre n'a rien de chimérique.

D'ailleurs, le maintien de l'activité dans l'industrie aéronautique présente un intérêt d'ordre national, et l'on peut espérer que les Gouvernements alliés sauront, non pas seulement donner aux entreprises d'aviation commerciale un encouragement platonique, mais les aider matériellement, s'il le faut.

En France, c'est le Gouvernement qui a pris l'initiative d'orienter la question vers un but pratique, en intime liaison avec le service des Postes et Télégraphes. Il serait prématuré d'étudier les parcours qui ont été envisagés, avant toute décision ferme. Mais on peut être satisfait de voir le problème en bonne voie.

Les conditions à remplir.

Une entreprise commerciale comporte, pour réussir : une bonne organisation et un matériel approprié.

a) Toute entreprise commerciale n'est viable que si elle donne des bénéfices capables de rémunérer les capitaux engagés.

Il importe, à cet égard, que les Sociétés à créer trouvent dans les règlements sur la police de l'air des garanties pour empêcher qu'elles soient ruinées par la concurrence, dès la période délicate de leurs débuts. Ces règlements n'existent pas. Qui se serait occupé jusqu'ici d'établir une police de l'air? Or, si l'on admet en principe la complète liberté de la circulation aérienne, on conçoit aisément que, sous peine de décourager toute tentative, il sera nécessaire, pendant une période plus ou moins longue, d'apporter à cette liberté quelques restrictions, dans l'intérêt même du développement de l'aéronautique et de ses applications.

En Angleterre, les promoteurs du mouvement n'ont pas hésité à admettre la nécessité d'une sorte de concession faite avec monopole pour chaque parcours nettement défini.

Il conviendrait d'ajouter que, comme contre-partie, le cahier des charges de la concession devrait comporter un contrôle permanent et efficace d'un organisme approprié, tant pour assurer le maximum de sécurité que pour imposer, le cas échéant, l'application à l'entreprise des progrès qu'il y a lieu de prévoir.

b) Le type d'avion applicable aux services publics dont il s'agit doit répondre à des conditions très différentes de celles qui ont conduit à la création des avions de guerre.

Il n'est plus nécessaire d'envisager des vitesses considérables, des plafonds élevés, une souplesse de manœuvres tels que l'exigent la défense ou l'offensive aériennes. Les aéroplanes de bombardement indiquent cependant la voie.

Une question a été agitée qui présente le plus grand intérêt. Convient-il de rechercher les très grandes capacités, ou de se contenter de transporter un poids limité en multipliant le nombre des appareils?

M. R. Soreau estime que, dans l'état actuel de la construction, il n'est pas avantageux de dépasser une certaine limite de puissance, et que les frais de transport seraient plus considérables, pour un poids global à transporter, en y employant un appareil de dimensions inusitées jusqu'ici, plutôt que plusieurs appareils tels que nous en possédons déjà un certain nombre de types, convenablement aménagés.

Sans insister sur les appareils Curtiss-bertine, Caproni, et quelques modèles français, il est permis de parler du raid Londres-Constantinople accompli par le biplan anglais Handley-Page, en huit étapes, transportant cinq passagers et leurs bagages, des couchettes, des bombes, des mitrailleuses, les rechanges et un fort approvisionnement de combustible. La dernière partie du raid, de Salonique à Constantinople et retour, avec 300 kilomètres en moins de trois heures, fut effectuée après qu'on eut allégé l'avion, en enlevant trois personnes et une grande partie du chargement. Dans un autre voyage de Hendon à Paris, un appareil du même type enlevait six passagers et 480 kilogrammes de bagages. Cet exemple montre suffisamment ce qui peut être réalisé dès à présent.

Lorsqu'il s'agira d'un service régulier de voyageurs, il y aura lieu d'envisager tout particulièrement les conditions de sécurité. Dans une des séances de la Commission, le lieutenant-colonel Renard faisait remarquer que les progrès considérables réalisés pendant la guerre dans le domaine de l'aviation n'ont pas été orientés, il est vrai, dans le sens d'une plus grande sécurité ; mais on peut observer néanmoins que les accidents survenus, en dehors des risques de guerre, affectent dans une large proportion les vols d'apprentissage, dans les Ecoles d'aviation, plutôt que les vols de pilotes expérimentés, malgré les circonstances atmosphériques si souvent défavorables dans lesquelles ces vols sont exécutés.

Les constructeurs, en tout cas, auront à se préoccuper de cette question, la stabilité devant peser d'un grand poids sur la réussite de l'entreprise, dès qu'il s'agira d'un service de passagers.

On peut résumer ce qui précède sous la forme des vœux suivants :

Aéronautique.

Vœux.

I. — Considérant qu'il y a| le plus grand intérêt à ce que l'industrie aéronautique, après la période d'activité qu'elle traverse aujourd'hui et le développement considérable qu'elle a pris, ne se trouve pas, à la fin des hostilités, frappée d'une paralysie à peu près complète et ruineuse ;

Considérant que sa prospérité intéresse d'ailleurs les progrès de l'aviation militaire et que l'existence permanente des ateliers seuls permettra seule d'être toujours en état de pourvoir à des besoins imprévus;

Le Congrès émet le vœu :

Qu'on étudie dès à présent toutes les applications de l'aéronautique dans le domaine civil.

II. — Considérant que, parmi ces applications, quelques-unes apparaissent comme immédiatement réalisables;

Le Congrès émet le vœu :

a) Que le ministère des Colonies mette à l'étude l'organisation d'un service de cartographie par la photographie aérienne, et [d'un service régulier de communications et de ravitaillement de tous les postes avancés qui sont aujourd'hui desservis uniquement par porteurs ou caravanes;

b) Que des services postiers ou destinés au transport de colis urgents à grande distance soient étudiés, sur les parcours les plus essentiels de la France continentale, ou de celle-ci avec la Corse, l'Algérie et l'Angleterre;

c) Que le transport des passagers, par service régulier, soit étudié et réalisé aussitôt que les plus essentielles conditions de sécurité seront remplies et dûment constatées.

III. — Considérant que des entreprises de ce genre ne seront viables et ne s'établiront que si elles sont garanties contre la concurrence d'entreprises similaires susceptibles de leur faire échec aussitôt que leur initiative aurait montré des chances de réussite;

Le Congrès émet le vœu :

a) Que la police de la circulatiou aérienne soit réglementée;

b) Qu'en particulier l'établissement de tout service public soit l'objet d'une concession d'une durée limitée, soumise à un contrôle administratif, chargé de fixer les conditions techniques et de sécurité du matériel et de l'exploitation.

IV. — Considérant enfin que le type d'appareil nécessaire à un service public doit répondre à des conditions caractéristiques de charge, de vitesse, de stabilité, s'éloignant sensiblement de celles qui ont fait jusqu'à présent l'objet des préoccupations des techniciens et des constructeurs ;

Le Congrès émet le vœu :

Que les constructeurs étudient un appareil de grande capacité de transport et de grande puissance répondant aux conditions du problème.

Président : M. le Colonel RENARD.

RAPPORT

de M. le Colonel ROCHE

AU

Sujet de la Formation du Personnel Technique des Usines d'Aviation

---

Le développement considérable qu'a pris, depuis le début de la guerre, la construction des avions, a entraîné des besoins très importants en personnel technique (ingénieurs, dessinateurs, etc.). Il y a actuellement une pénurie complète de ce personnel, et la question s'est posée d'obtenir la préparation la plus rapide et la plus rationnelle de ces ingénieurs et dessinateurs.

On peut se demander, tout en reconnaissant que ce personnel est réellement utile, s'il est nécessaire de le préparer d'une manière spéciale. Ne suffirait-il pas, par exemple, de le prendre parmi les ingénieurs sortis d'écoles quelconques, ou parmi les contremaîtres et ouvriers intelligents et travailleurs ? Nous ne le pensons point. Au début de la construction aéronautique, il a pu être suffisant de choisir le personnel dont il s'agit dans toutes les catégories de techniciens existantes, notamment dans celle des mécaniciens ; et il est juste de reconnaître qu'on a obtenu, de cette façon, des résultats satisfaisants. Mais il faut bien considérer qu'à cette époque les éléments qui entraient dans la construction d'un avion étaient relativement simples, et que leurs combinaisons demandaient seulement des notions exactes de mécanique, un bon sens pratique, et aussi quelque intuition de l'aérodynamique. Des ingénieurs, dont tout le monde connaît les noms, se sont ainsi fait une grande réputation, d'ailleurs très justifiée.

Or, les rôles si divers que doit remplir un avion ont amené l'introduction, dans sa constitution, d'une série d'organes qui n'existaient pas dans les premiers aéroplanes ; et, pour pouvoir répondre à toutes les conditions qu'on exigeait de lui, le nouvel appareil devenait, par cela même, fort compliqué. Nous estimons donc, dans ces conditions, qu'il est absolument indispensable que l'ingénieur constructeur d'aviation possède des connaissances tout à fait spéciales sur le milieu dans lequel l'appareil doit se mouvoir, — c'est-à-dire sur l'air ; — et, d'autre part, sur les différents organes qui constituent cet appareil. N'en a-t-il pas été de même de toutes les industries nouvelles ? Et, pour ne citer que l'une des plus récentes, s'il était possible, au début de l'électricité, de faire construire des machines et organiser des installations par des ingénieurs quelconques, oserait-on dire aujourd'hui que l'ingénieur électricien ne doit pas obligatoirement subir une préparation toute spéciale ?

Nous croyons donc être en droit de conclure que, dès maintenant, l'ingénieur d'aviation doit, pour rendre de réels services dans cette industrie, y avoir été préparé par un enseignement adapté à ses fonctions.

La première question qui se pose est de savoir à quel moment l'ingénieur d'aviation doit commencer à se spécialiser. Tout en reconnaissant que cette spécialisation est nécessaire, nous ne devons cependant pas entrer dans l'exagération, et il nous semble qu'une année de préparation est bien suffisante ; mais cela suppose, bien entendu, que le sujet possède déjà les connaissances générales qu'un ingénieur quelconque doit avoir, et nous entendons par là que non seulement il a acquis tout le bagage que l'on a en sortant de l'enseignement secondaire des lycées, mais qu'il est renseigné, en outre, d'une manière très sérieuse, sur les sciences que tout ingénieur doit connaître, telles que la mécanique générale, la mécanique appliquée, la résistance des matériaux, etc., etc. En d'autres termes, l'ingénieur qui veut se spécialiser dans la construction aéronautique doit être ce que l'on pourrait appeler l'ingénieur général, c'est-à-dire non encore spécialisé.

Nous allons donc prendre ce sujet, supposé pourvu de ce bagage commun à tous les ingénieurs, et nous allons étudier de quelle façon nous pourrons le préparer méthodiquement à sa fonction particulière d'ingénieur d'aviation.

Cette formation spéciale peut se diviser en deux parties distinctes : l'enseignement théorique et l'enseignement pratique. La nécessité de chacun d'eux est tellement évidente qu'il paraît superflu d'insister longuement sur ce sujet. Supprimer, en effet, les cours de théorie, reviendrait à ne donner au sujet que la pratique de l'atelier ; c'est-à-dire, en somme, à en former un simple ouvrier, lequel connaîtrait bien, à la fin de ses études, le détail de certaines fabrications et les méthodes employées dans certaines usines, à l'exclusion des procédés adoptés dans d'autres établissements. On ne formerait, en définitive, qu'un ouvrier, et non pas un ingénieur, possédant des principes généraux et capable de les appliquer à tous les problèmes.

En ce qui concerne l'enseignement pratique, qui n'existait autrefois dans aucune école d'enseignement technique supérieur, il est reconnu aujourd'hui que son introduction s'impose dans tous les programmes d'enseignement, et toutes les institutions supérieures l'ont peu à peu adopté. N'est-il pas nécessaire, en effet, que, au moment de son entrée dans l'industrie, le jeune ingénieur connaisse, tout au moins dans ses grandes lignes, l'art de l'ouvrier ?

Une fois admis ce principe de l'introduction de la théorie et de la pratique dans la préparation de l'ingénieur d'aviation, nous allons voir successivement comment ce principe doit être appliqué.

Les études théoriques semblent devoir commencer par le milieu dans lequel se meuvent les appareils de locomotion aérienne, c'est-à-dire par l'air, cet examen étant entendu comme se rapportant au milieu aérien lui-même, indépendamment des corps qui se meuvent dans l'espace. L'enseignement correspondant devra donc comprendre la composition de l'air, sa densité aux différentes altitudes, sa température, et surtout les courants qui s'y produisent dans diverses circonstances. Cette étude pourra faire partie d'un cours appelé, par exemple, *Cours d'aéronautique générale*. Comme l'indique son nom, il aurait pour but l'examen de toutes les questions d'ordre général concernant aussi bien l'aviation que l'aérostation.

Après avoir examiné la constitution de l'océan aérien et de ses courants, il conviendra de passer à l'étude du mouvement des corps circulant dans ledit océan. Il y aura lieu de considérer, dans ces mouvements, l'influence de la forme du corps mobile, de son poids, ainsi que l'action des forces auxquelles il est soumis, c'est-à-dire la pesanteur, la poussée de bas en haut produite par le milieu aérien, enfin les forces dues au moteur.

De cette étude découleront plusieurs conséquences : les meilleures formes à donner au corps mobile, les incidences à lui imposer par rapport aux forces qui agissent sur lui, enfin la grandeur des forces produites par le moteur, ainsi que leur point d'application.

L'étude de ces différentes questions semble pouvoir former l'objet d'un cours appelé *Mécanique de l'aviation* ou *Aérodynamique*.

La forme à donner à l'aéronef étant ainsi déterminée dans ses grandes lignes, il convient de construire cet appareil. Dans cet ordre d'idées, il faut d'abord décider quels seront les matériaux à employer : bois, métal, toile, etc. Le choix de ces matériaux étant effectué, on devra spécifier à quelles conditions chacun d'eux devra satisfaire, et fixer ainsi quelles seront les épreuves qu'il devra subir avec succès. Ces différentes questions formeront l'objet d'un *Cours d'étude pratique des matériaux*, qui, comme nous venons de le dire, aura pour but l'étude des matériaux entrant dans la constitution des appareils d'aviation et d'aérostation, ainsi que les diverses épreuves imposées à ces matériaux. L'élève qui aura suivi cet enseignement devra donc pouvoir, tout d'abord, rédiger un cahier des charges relatif à leur fourniture, et ensuite procéder à leur réception au moment de la livraison.

Les matériaux étant supposés réceptionnés, il s'agit de les utiliser pour la construction des diverses parties de l'appareil ; il faut donc que l'ingénieur détermine les dimensions de chacune des pièces qui entrent dans la constitution de cet appareil, et, pour cette détermination, il emploiera les formules qui lui auront été données dans un *Cours de résistance des matériaux*.

Nous sommes arrivés au moment où l'ingénieur chef d'atelier a à sa disposition les différents éléments qui doivent composer son appareil ; il n'a plus qu'à les assembler entre eux. Ces assemblages, la combinaison du bois, du fer, de la toile, etc., constituent l'une des parties les plus délicates de la fabrication dont il s'agit. L'ingénieur qui a fait le projet de l'appareil à construire doit, en effet, se préoccuper d'une foule de conditions à remplir ; il faut, notamment, que les matériaux employés soient le moins cher possible ; il faut, tout spécialement, que les pièces détachées, par exemple les assemblages métalliques, ne soient pas d'une fabrication tellement difficile que, par son retard, le fournisseur de l'une seule de ces pièces puisse arrêter la marche de toute la fabrication. Ces différentes questions, d'une importance capitale, forment l'objet d'un cours très important, qui peut s'appeler *Cours de construction des appareils de navigation aérienne*.

La méthode que nous venons d'indiquer pour l'étude de l'aéronef lui-même peut s'appliquer à l'étude du moteur. Il convient en effet d'examiner, avant tout, quels sont les matériaux entrant dans la constitution dudit moteur, et on examinera, en même temps, à fond, les conditions que doivent remplir les combustibles employés. Ces questions feront partie du Cours de chimie industrielle que nous avons déjà mentionné à propos de la fabrication de l'aéroplane lui-même.

Comme pendant à la mécanique de l'aviation, nous aurons un cours dit : *Théorie des moteurs*, où l'on étudiera en tout détail les

principes de thermo-dynamique sur lesquels repose le fonctionnement du moteur à explosion.

Ensuite, de même que nous avons examiné comment on cons-
truirait un appareil d'aviation ou d'aérostation, de même dans un
cours dit de *Construction des moteurs*, nous étudierons la détermination de la forme et des dimensions que doivent avoir les divers
éléments dudit moteur.

Mais une fois ce moteur supposé construit, il faut l'essayer et le
mettre au point, car il est fort improbable qu'une machine aussi
délicate puisse atteindre du premier coup le degré de perfection
mécanique qu'elle doit posséder pour donner un rendement satisfaisant. Les méthodes adoptées pour ces essais et cette mise au point
sont décrites dans un cours dit : *Cours d'essai et de réglage des
moteurs.*

Tels sont les cours principaux qui devront former la base de
l'enseignement théorique destiné à la préparation de l'ingénieur
d'aviation.

En ce qui concerne l'enseignement pratique, dont nous avons
déjà fait ressortir l'importance, il devra comprendre, d'abord, le
dessin industriel. L'élève ingénieur sera dressé non seulement à
l'exécution du trait, mais à la prise rapide de croquis de pièces de
machines, et à leur mise au net. Il devra surtout faire de nombreuses
séances dans un bureau d'études, organisé absolument comme un
bureau de dessin d'une usine. Sous la direction d'un ingénieur
compétent, il aura à établir des projets d'ensemble, ensuite des
dessins de plus en plus détaillés, jusqu'aux dessins d'atelier. On
l'habituera à faire des calques de ces dessins, et à tirer des bleus de
ces calques.

Nous ne saurions trop insister sur l'importance que présente
l'enseignement de ce bureau d'études, non seulement pour habituer
l'élève à faire des dessins industriels et à lire facilement de ces
mêmes dessins, mais pour lui montrer comment on doit s'y prendre,
dans la pratique, lorsqu'on veut faire une étude d'une pièce ou d'une
machine déterminée.

Le dessin d'atelier une fois achevé, il convient d'exécuter le
modèle correspondant. Il y a donc lieu d'organiser un atelier de
modelage, où, sous la direction d'un contremaître habile, les futurs
ingénieurs seront exercés au travail du bois, et où on leur apprendra
d'abord à construire de simples assemblages, puis à fabriquer des
modèles de plus en plus compliqués. Le but de ce travail est non
seulement d'habituer l'élève à se rendre compte de l'effort de l'ouvrier, mais aussi de l'empêcher lui-même, lorsqu'il sera dans un
bureau d'études, de proposer des dessins de pièces qu'il serait
impossible de construire. En effet, avec le tire-ligne et le crayon, le
dessinateur peut imaginer toutes les pièces qu'il veut, mais il peut,

en même temps, proposer des constructions irréalisables s'il ne connaît pas le modelage.

Nous supposons, maintenant, les modèles établis. Il faut les fondre. Si, donc, l'école dont il s'agit peut le faire par ses propres moyens, elle fera couler les pièces dans ses ateliers, sinon elle enverra, à cet effet, les modèles à une fonderie. Dans tous les cas, il sera essentiel d'appeler l'attention de l'élève sur les difficultés particulières que présentent la fabrication des moules et l'opération de coulée elle-même, pour qu'il tienne compte, dans sa carrière, desdites difficultés.

Voilà donc les pièces venues de la fonderie, il s'agit de les usiner. L'école devra donc posséder un certain nombre de machines-outils, où les jeunes gens procéderont à l'usinage des pièces qu'ils ont successivement imaginées, dessinées, et dont ils auront fait les modèles.

Il conviendra quelquefois de terminer par un travail d'ajustage, qui sera effectué dans un atelier spécial, où les élèves seront exercés au travail de la lime et du burin.

Ici se place une opération très importante, qui est le montage des machines. Si l'on suppose, en effet, que l'élève ait fabriqué successivement les diverses pièces d'une machine, d'un moteur par exemple, il aura à les monter. Pour habituer les élèves ingénieurs à ce travail assez délicat, on fera bien, au moyen d'un certain nombre de moteurs sacrifiés, de les exercer à des opérations de montage et de démontage; ces manipulations étant faites, autant que possible, sur des moteurs de modèles différents.

Lorsqu'un moteur est ainsi terminé, l'industriel qui l'a fabriqué ne doit pas le livrer au client sans l'avoir essayé; il convient donc que le futur ingénieur sâche procéder aux essais de moteurs et aux différentes mesures que ces essais comportent. Un atelier d'essais de moteurs devra donc être organisé, pour permettre l'exécution de ces exercices.

Nous avons parlé, jusqu'ici, du travail des métaux; il est évident qu'il faut également aménager un atelier pour le travail du bois, c'est-à-dire comportant des établis et des machines-outils.

Telles sont les dispositions principales que comprend l'enseignement pratique pour la formation d'un ingénieur d'aviation. Il est évident qu'il faut y ajouter les interrogations et examens nécessaires pour tenir l'élève en haleine et vérifier s'il possède les connaissances dont il s'agit.

Comme application des cours, on lui fera rédiger un certain nombre de projets : projets d'avions, projets de moteurs, etc. Enfin, le tout sera complété par des exercices de calculs de pièces, qui seront des applications du cours de résistance des matériaux.

Si l'école se trouve dans une région d'usines d'aviation, il sera extrêmement utile de compléter l'enseignement par des visites d'usines aussi fréquentes que possible, car ces visites auront pour effet de montrer aux élèves des choses qu'ils n'auront pu voir dans leurs cours, telles que grandeur des machines, vitesse de rotation, etc., etc.

Quelle que soit l'importance, de l'enseignement pratique donné à l'école, le jeune ingénieur muni de son diplôme devra faire un stage dans une usine avant de pouvoir rendre de réels services, car il est des questions que l'on ne peut enseigner, telles que la connaissance de l'ouvrier, questions que la pratique seule de l'usine pourra permettre d'étudier.

Enfin, voilà les jeunes gens d'une même promotion sortis de l'école, avec les mêmes connaissances théoriques et le même bagage pratique; ils entrent dans l'industrie: et c'est alors qu'intervient un facteur important de leur avenir; ce facteur réside dans leurs qualités personnelles: caractère, facultés d'observation et d'assimilation, ingéniosité, etc., etc. Et c'est par le degré auquel ils posséderont ces qualités que les ingénieurs se distingueront les uns des autres, les uns s'élevant aux plus hauts degrés de la hiérarchie industrielle, les autres restant dans des situations modestes.

Nous venons d'exposer, dans ses grandes lignes, la méthode qui, selon nous, doit être appliquée pour la formation des ingénieurs d'aviation. Il est évident que cette méthode peut présenter diverses variantes; mais nous croyons fermement que c'est en l'appliquant que l'on formera des ingénieurs aptes à rendre de réels services à leurs chefs d'industrie, et, par suite, capables de se rendre utiles à leur pays.

J.-B. Roche.

Vœu.

Considérant la pénurie complète en ingénieurs spécialistes de l'aéronautique et les services que ces ingénieurs rendent aux industriels, et, par suite à l'État,

Le Congrès émet le vœu :

Que l'Etat et les industriels eux-mêmes encouragent de tout leur pouvoir toute organisation ayant pour but une formation sérieuse, au point de vue théorique et pratique, de ces ingénieurs.

Président : M. le Commandant CLOAREC.

RAPPORT

de M. LUMET

SUR

LES MOYENS PROPRES A DÉVELOPPER L'EMPLOI DES MOTEURS A COMBUSTION INTERNE DANS LA MARINE MARCHANDE

Avant la guerre, la question de l'emploi des moteurs à combustion interne dans la marine marchande était déjà posée.

L'exemple de l'étranger où l'emploi des Diesel pour la propulsion des cargos, et l'utilisation des semi-Diesel pour les flottilles de pêche, était entré dans le domaine de la pratique courante, avait encouragé certains armateurs à tenter des expériences.

Les pouvoirs publics suivaient ces essais avec la plus grande attention et le sous-secrétariat d'Etat de la Marine marchande avait organisé l'exposition des industries de la pêche maritime à Boulogne-sur-Mer, exposition ouverte un mois avant la déclaration de guerre.

A l'occasion de cette exposition, un important concours de moteurs marins pour embarcations de pêche devait avoir lieu. Il avait pour but de créer une prime à la construction de moteurs français, prime accordée, après concours, dans des conditions analogues à celles adoptées par le ministère de la Guerre pour favoriser le développement de la construction des camions automobiles.

L'Etat, qui peut exercer son droit de réquisition, se créait ainsi une ressource en bateaux à moteurs, il donnait un essor puissant à l'industrie du moteur marin en France, il donnait aux armateurs des facilités pour la constitution de flottilles mieux adaptées aux nécessités de l'industrialisation de la pêche, notamment par l'emploi du moteur auxiliaire.

La guerre a rendu plus évidentes les conditions défavorables où notre Marine marchande se trouvait placée du fait de l'absence d'une industrie française de moteurs à combustion interne. Dans ce genre d'industrie, on n'improvise pas. Certes, de grandes usines françaises avaient déjà étudié le Diesel pour sous-marins; quelques grands navires de commerce avaient fait *l'expérience* de moteurs Diesel, mais c'étaient là des *échantillons* et la construction en série ne pouvait être envisagée en raison de l'incertitude des résultats, d'une part; de l'absence des débouchés, d'autre part.

Nous n'avions pas la possibilité, pour les moteurs auxiliaires des embarcations de pêche ou pour les vedettes, de mettre en fabrication des semi-Diesel, des types Dan, Kromhout, etc., types éprouvés à l'étranger par une longue expérience, et c'est aux moteurs à essence qu'il fallut demander le secours nécessaire.

L'Etat, avant la guerre, en voulant protéger l'industrie française, avait paralysé l'essor de la construction des moteurs marins.

La loi du 19 avril 1906 sur la Marine marchande, accordait des primes à la construction des bâtiments de mer et à la construction de machines motrices et d'appareils auxiliaires. Il était dit à l'article 12 de la loi : le bénéfice des allocations est réservé, en ce qui concerne les primes à la construction, aux navires dont la coque ainsi que les machines motrices et les chaudières ont été *construites en France.*

Si donc, on voulait acheter un Diesel à l'étranger et le monter à bord d'un navire français, il fallait renoncer au bénéfice de la prime à la construction sur l'ensemble du navire.

Et c'est ainsi que les armateurs ne pouvaient bénéficier des progrès réalisés à l'étranger dans la construction des moteurs à combustion interne et qu'ils étaient obligés de s'adresser à la construction française qui *ne construisait pas ce type de moteur puisqu'il ne lui était pas demandé.* Il fallait que la guerre survînt pour nous sortir de ce cercle vicieux, et c'est ainsi que la loi du 1er août 1916 modifia l'article 12 de la loi du 19 avril 1906. L'article premier de cette nouvelle loi dit en effet : « Par dérogation aux dispositions de l'article 12 de la loi du 19 avril 1906, les navires en cours de construction et ceux dont la mise en chantier, dûment justifiée, sera antérieure à l'expiration des huit mois qui suivront l'armistice mettant fin aux hostilités, conserveront le bénéfice de la prime à la construction, alors même que les machines motrices ou chaudières ou éléments de machines ou de chaudières seraient de provenance étrangère, sans toutefois que ces appareils ou leurs éléments finis de provenance étrangère puissent eux-mêmes être primés.

Si nous voulons favoriser l'emploi des moteurs à combustion interne dans la Marine marchande, il ne faut pas hésiter à demander *qu'en ce qui concerne les moteurs à combustion interne*, les dispositions de la nouvelle loi restent en vigueur pour les mises en chantier antérieures non seulement à l'expiration des huit mois qui suivront l'armistice, mais bien à l'expiration des trois années qui suivront cet armistice.

La construction française des moteurs à combustion interne n'en restera pas moins protégée puisqu'elle bénéficiera de la prime en ce qui concerne le moteur s'il est construit en France. Elle perdra évidemment un bénéfice éventuel sur les moteurs étrangers vendus en France et qu'elle n'aurait pas construits, mais, pendant ce temps, elle pourra bénéficier de l'expérience acquise par les armateurs et, après les trois années, bénéficier de l'essor donné à l'industrie du moteur.

Mais la question ne saurait être envisagée à ce seul point de vue, car poser le problème du développement de la construction du moteur à combustion interne, c'est poser celui de l'abaissement du prix du pétrole et des huiles lourdes. Si ce dernier ne reçoit pas une solution satisfaisante, il est complètement inutile d'envisager la possibilité de résoudre le premier, si ce n'est pour la navigation de plaisance, où, dans une certaine mesure, la question du prix du combustible est d'une importance relative moindre ; si ce n'est encore dans le cas de cargos longs courriers susceptibles de se ravitailler pour l'aller et le retour dans un port étranger où l'approvisionnement en pétrole est possible.

En 1913, dans le but de faciliter la constitution de l'approvisionnement de combustible liquide pour les besoins de la navigation, le Conseil d'État a été saisi par le ministère du Commerce d'un projet de règlement d'administration publique pour l'application de l'article 4 de la loi du 30 juin 1893 qui a posé le principe de *l'admission temporaire des pétroles*.

Au moment de la déclaration de guerre, on discutait encore sur la *définition* du pétrole entre le ministère des Finances et le sous-secrétariat de la Marine marchande.

Il appartient au Congrès de faire sortir ce règlement d'administration publique. On pourrait évidemment faire plus, car l'intérêt du développement de la construction française du moteur Diesel intéresse non seulement la navigation, mais bien toute l'industrie.

Le moteur qui fonctionne à l'aide de la houille n'impose à son propriétaire que le paiement d'un droit de douane de 1 fr. 20 par tonne de combustible et le moteur à combustion interne l'oblige à payer 90 francs la tonne. Pour favoriser cette construction, il faut renoncer à escompter la transformation de notre outillage industriel comme une source de nouveaux revenus, source qui, d'ailleurs, ne produirait à peu près rien, puisque, dans l'état actuel de notre législation, ce nouvel outillage ne serait pas créé.

Il faudrait que l'industriel qui remplace son moteur à houille par un Diesel versât au Trésor à peu près les mêmes taxes au lieu de les voir multiplier par 50, en tenant compte, bien entendu, dans l'établissement de la taxe, du pouvoir calorifique du combustible et du rendement thermodynamique moyen des moteurs, de telle façon qu'il y ait égalité de taxe pour la *calorie utilisée effectivement dans sa transformation en travail, qu'elle provienne de l'un ou de l'autre des combustibles*; mais il est bien entendu que je ne songe pas à demander l'exonération de la taxe pour les essences, les huiles lampantes et les huiles de graissage.

Ce qu'il faut dégrever, c'est l'huile pour moteurs. Il faut donc la définir et c'est ainsi qu'en 1913, la direction générale des contributions indirectes fut saisie de la question et qu'une définition des huiles pour moteurs lui fut proposée.

Il faudrait peut-être même envisager l'emploi d'un dénaturant. C'est là une grosse question, évidemment, dont le Congrès ne saurait proposer une solution, mais son importance est telle qu'elle mérite toute l'attention de l'Administration. En ce qui concerne les applications du Diesel à la navigation, je propose au Congrès la solution immédiate du règlement d'administration publique exonérant en pratique de droits de douane non seulement les pétroles utilisés dans la navigation, mais aussi dans les installations à terre qui, dans les chantiers et les ateliers de construction de nos ports, construisent, utilisent ou réparent des moteurs à combustion interne.

Conclusions.

J'ai l'honneur de proposer à la Section de soumettre au Congrès les vœux suivants :

Pour favoriser le développement en France de la construction et de l'emploi du moteur à combustion interne, le Congrès émet le vœu :

1º Que le sous-secrétariat de la Marine marchande reprenne immédiatement après la guerre le concours de moteurs marins pour embarcations de pêche qu'il avait organisé à Boulogne-sur-Mer en vue de délivrer des primes à la construction de ce type de moteurs;

2º Qu'une loi rédigée comme il suit soit promulguée : « En ce qui concerne les moteurs à combustion interne, les dispositions de la loi du 1ᵉʳ août 1916 resteront en vigueur pour les navires dont la mise en chantier, dûment justifiée, sera antérieure à l'expiration de la troisième année qui suivra la terminaison des hostilités, telle qu'elle sera fixée par le décret spécial »;

3° Que des dépôts de pétrole et d'huiles lourdes soient aménagés dans les ports, qu'ils soient constitués en entrepôts *réels* ou *fictifs* où puissent se ravitailler les navires et embarcations, ainsi que les services à terre qui, dans les chantiers et les ateliers de construction des ports, construisent, utilisent ou réparent les moteurs à combustion interne.

G. Lumet.

RAPPORT

de M. FAMECHON,

Directeur de l'*Office National du Tourisme*,

SUR LA

PROPAGANDE TOURISTIQUE

Par sa situation géographique, par la diversité de ses climats et de ses paysages, par ses nombreuses stations thermales qui peuvent rivaliser avec celles de l'Europe centrale, la France est le pays rêvé des excursions et des séjours.

On peut dire cependant que jusqu'à une époque relativement récente, elle resta pour ainsi dire inconnue : d'une part, en effet, certaines régions parmi les plus pittoresques restaient pratiquement presque inaccessibles et ceux qui avaient fait l'effort de s'y rendre étaient souvent rebutés par le manque de confort des hôtels ; d'autre part, alors que les nations de l'Europe centrale organisaient une propagande touristique méthodique et active, rien n'était fait à cet égard dans notre pays.

L'effort devait donc porter sur deux points principaux : —

1° A l'intérieur : amélioration des routes, création avec les Compagnies de transports, de voyages circulaires pratiques et économiques, transformation et construction d'hôtels, etc.

2° Propagande à l'étranger pour révéler à ceux qui l'ignoraient encore toutes les beautés de notre pays et leur faire connaître toutes les facilités nouvelles offertes aux excursionnistes.

On sait quelle a été à cet égard l'œuvre immense accomplie en quelques années par le Touring Club de France. Cette société, qui s'était constituée très simplement et dont les organisateurs, voulant associer le plus de Français possible à leurs efforts, avaient fixé la cotisation à un chiffre modeste, groupe aujourd'hui plus de 150.000 membres acquérant ainsi une puissance considérable.

Par son effort constant auprès des Pouvoirs publics et des Compagnies de transports, par ses délégués répandus jusque dans les plus petites cités françaises, elle a opéré une véritable transformation de notre pays au point de vue touristique, tandis que ses délégués à l'étranger s'efforçaient d'appeler l'attention des touristes du monde entier sur notre pays.

A côté de cette puissante société, l'Automobile Club de France, le Club alpin, les Syndicats d'initiative qui se créaient chaque jour dans toutes les régions, les Compagnies de transports complétaient, sur des points spéciaux, l'œuvre du Touring Club et contribuaient à faire comprendre de quelle importance morale et économique est la question touristique pour une nation. Aussi le ministère des Travaux publics français considéra-t-il bientôt comme nécessaire la création d'un organe officiel chargé de coordonner tous ses efforts, de donner une direction générale à toutes les bonnes volontés, afin d'empêcher les chevauchements nuisibles et qui, surtout au point de vue des relations avec l'étranger, pourrait agir avec une autorité qu'une société privée, si puissante soit-elle, ne peut avoir. C'est ainsi que fut institué en 1910, l'Office National du Tourisme. Cet organisme, qui est rattaché au ministère des Travaux publics, a cependant toute liberté d'action. Il possède, en effet, son budget propre, son autonomie financière et est administré par un Conseil d'administration, dont font partie toutes les personnalités qui ont contribué à l'organisation du tourisme en France. Pour donner encore plus d'autorité à ce Conseil, le Gouvernement a demandé à M. Fernand David, lequel, au cours de ces dernières années, fut appelé à la tête de divers départements ministériels des plus importants, d'en prendre la présidence.

Ce n'est donc pas une administration ajoutée à d'autres administrations, ni un organisme bureaucratique, mais une institution souple et indépendante qui a ainsi la faculté d'encourager toutes les initiatives et d'aboutir rapidement à des résultats pratiques.

L'Office National du Tourisme, tout en commençant immédiatement à seconder les efforts de toutes les associations existantes, mettait à l'étude un vaste plan concernant l'organisation rationnelle du tourisme en France et la propagande à l'étranger: c'est alors que la guerre éclata. Cependant, ceux qui s'étaient dévoués à cette œuvre n'en continuaient pas moins à travailler, ils achevaient d'établir le programme de l'œuvre à accomplir et dont le premier point comportait une réorganisation de l'Office lui permettant d'agir, malgré les difficultés actuelles, avec une vigueur nouvelle.

Cette réorganisation vient d'être faite et l'Office National du Tourisme, en dépit de tous les obstacles, suite inévitable de la guerre, va commencer la réalisation de son programme dont quelques points doivent être particulièrement signalés :

I. — **Hôtels.**

Si la nourriture est bonne en général, même le plus souvent excellente jusque dans les plus petits villages de France, les hôtels, par contre, sont le plus souvent mal installés et dépourvus de tout confort. Pour remédier à ce défaut qui a écarté jusqu'ici beaucoup de touristes étrangers de notre pays, l'Office National du Tourisme et le Touring Club de France ont provoqué la fusion de tous les Syndicats d'Hôteliers en une Chambre nationale de l'Hôtellerie dont les moyens d'information et d'action seront infiniment plus importants.

Il a, d'autre part, constitué une Commission des questions économiques hôtelières qui s'efforce, dès maintenant, d'encourager la constitution d'un groupement bancaire destiné à fournir des fonds pour construire des hôtels simples et confortables dans beaucoup de régions pittoresques qui en sont encore privées, et pour permettre en même temps l'amélioration des hôtels existant actuellement et facilement transformables. Enfin, l'Office National du Tourisme encourage largement toutes les initiatives concernant l'organisation de l'enseignement hôtelier.

II. — **Organisation des transports.**

Depuis plusieurs années déjà, il s'est constitué, sous les auspices des Compagnies de chemins de fer, des services de transports automobiles qui ont permis de se rendre dans de magnifiques régions de montagnes auparavant très difficiles d'accès. Qu'il suffise de citer : le service de Grenoble à Nice (correspondance du chemin de fer P.-L.-M.) par Briançon et Barcelonnette, le service de la Route des Pyrénées (correspondance du chemin de fer du Midi), les nombreux services créés en Auvergne (correspondance du chemin de fer d'Orléans), les services organisés dans le Finistère (correspondance du chemin de fer de l'État).

De nouveaux efforts vont être faits dans cette voie pour multiplier ces moyens de locomotion, prolongement naturel des lignes de chemins de fer, et pour organiser des billets circulaires pratiques comportant à la fois des trajets en chemin de fer et en automobile.

III. — **Organisation de la zone des armées.**

L'Office National du Tourisme a estimé qu'il y avait comme un devoir national à conserver et à faire connaître à nos compatriotes et aux étrangers certains lieux désormais historiques où les armées françaises se sont couvertes de gloire, certaines organisations défensives particulièrement curieuses et qui [constitueront pour l'histoire militaire des documents de premier ordre, de même qu'il était nécessaire de garder à jamais des témoignages caractéristiques et émouvants du vandalisme allemand.

Un classement méthodique a été opéré tandis qu'une carte spéciale de la zone des armées vient d'être achevée.

Il n'est pas douteux que les étrangers ne viennent en masse, comme à de pieux pèlerinages, à ces lieux célèbres dans le monde entier.

Toutes les mesures seront prises pour en faciliter l'accès après la guerre et y organiser des logements pour les visiteurs.

L'Office National du Tourisme a déjà mis à l'étude, d'accord avec les Compagnies de Transports, des circuits concernant la zone des armées avec prolongation facultative dans des régions d'excursions.

IV. — Guides.

L'Office National du Tourisme et le Touring Club de France ont considéré aussi comme d'une importance primordiale l'établissement de guides français complets, clairs et précis, car d'après les renseignements que l'on a pu recueillir dès maintenant, l'état-major allemand a chargé la maison Baedeker de rédiger des guides concernant les pays encore occupés, guides dans lesquels il se propose de dénaturer les faits selon sa méthode habituelle. Il était de toute nécessité de se mettre immédiatement à l'œuvre pour devancer cette nouvelle manœuvre ; ce tour de force a pu être réalisé, grâce à MM. Michelin qui ont mis au point un guide complet de la zone des armées dont le premier volume concernant la bataille de la Marne vient de paraître et constitue, par sa rédaction claire et documentée, par les cartes, plans et photographies qui y sont joints, un modèle du genre.

V. — Organisation de la propagande à l'étranger.

C'est l'œuvre à laquelle va se consacrer plus spécialement l'Office National du Tourisme.

Le nombre considérable des étrangers qui se sont fait inscrire pour venir en France après la guerre, les moyens réduits de transports maritimes qu'il y a lieu de prévoir pendant une durée encore assez grande après la fin des hostilités, oblige l'Office National du Tourisme à donner, au début, un caractère un peu spécial à sa propagande.

Il devra la limiter d'abord à certains pays et il a paru que, pour beaucoup de raisons, les nations de l'Amérique latine devaient être parmi les premiers.

Ce que l'Office National du Tourisme cherchera donc au commencement, c'est moins à acquérir une masse énorme de visiteurs qu'à faciliter, qu'à rendre le plus agréable possible le voyage de ceux dont la décision est déjà prise.

Un des moyens les plus efficaces sera la création à l'étranger de bureaux où les touristes désireux de venir en France pourront se documenter de la façon la plus complète auprès des délégués de l'Office et trouver des billets tout préparés par les Compagnies de chemins de fer, de navigation et d'automobiles.

Dès maintenant d'ailleurs, les étrangers désireux de venir en France pourront se documenter de la façon la plus pratique en s'adressant au Touring Club de France, 65, avenue de la Grande-Armée.

La propagande de l'Office sera bientôt complétée par l'organisation d'expositions, de représentations cinématographiques à l'étranger, de conférences, etc.

Bien loin de contrecarrer la propagande que nos Alliés auraient le désir de faire, en ce qui concerne leur pays, il s'efforcera de la faciliter le plus possible ; tout son désir est de voir se créer chez eux des organes analogues ayant aussi en France leurs délégués et d'arriver ainsi à une réciprocité d'action des plus fécondes.

Pour réaliser ce programme de travail de l'Office National du Tourisme, il convient de disposer d'un budget particulièrement important. Nos ennemis, qui ont développé avec tant d'habileté la propagande à l'étranger, ont consacré, pour cet objet, des sommes considérables : suivons leur exemple pour lutter avec eux sur le terrain économique.

Le Parlement a déjà doté l'O. N. T. de ressources, mais il ne serait pas sage de penser que, dans l'avenir, l'État, harcelé par de nombreuses demandes de secours, obligé de parer aux lourdes charges de l'après-guerre, pourra supporter les dépenses toujours croissantes qu'il faudra consacrer au développement économique de notre pays.

Il convenait donc de trouver une autre source de capitaux qui sont nécessaires pour aider au développement de l'industrie hôtelière, de la propagande des sites et monuments de France et de la valeur curative de nos stations thermales et climatiques. C'est pour cette raison que le Gouvernement a proposé au Parlement :

1º De rendre *obligatoire* l'établissement de la taxe de séjour dans les stations hydrominérales, balnéaires et climatiques ;

2º De *constituer* un fonds commun destiné à favoriser la fréquentation de ces stations et des centres de tourisme ;

3º D'*alimenter* ce fonds commun à l'aide d'un prélèvement sur la taxe de séjour établie par la loi du 13 avril 1910.

Cette proposition a soulevé un certain nombre de protestations, mais nous avons tout lieu d'espérer que l'étude récente de cette question permettra de trouver une solution donnant satisfaction à tous les intérêts en jeu.

Il s'agit de sauvegarder et d'amplifier une des sources les plus certaines de notre prospérité, et nous avons la conviction que le Parlement saura comprendre combien les ressources qui seront mises ainsi à la disposition de l'Office National du Tourisme permettront de contribuer fructueusement au relèvement économique de notre pays.

Nous espérons que le Congrès appréciera l'œuvre entreprise par l'Office National du Tourisme et aidera, par tous les moyens possibles, à sa réalisation.

Comme conclusion, nous proposons l'adoption du vœu suivant :

« Qu'en vue d'établir des relations plus étroites entre la France et les pays alliés ou amis, il soit constitué, le plus rapidement possible, des organismes de propagande réciproque appelés à développer la prospérité des nations qui participeront à cet effort. »

Président : M. GARIEL.

———

RAPPORT

de MM. AUSCHER et L. BAUDRY DE SAUNIER

SUR LA

Fonction économique du Tourisme.

———

Il serait superflu de redire que le plus beau pays du monde, c'est la France.

Sa beauté physique, due à la nature, due aussi à l'homme, est célèbre entre toutes. Quant à sa beauté morale, de quel éclat aujourd'hui ne brille-t-elle pas sur tous les continents, l'Éternelle Généreuse !

Quel humain, dès l'épouvantable guerre terminée, en quelque coin de la terre qu'il soit, et s'il en a les moyens, ne viendra pas la voir, Elle, la France ?

C'est une immense fortune que la France devra à sa beauté, *par le tourisme.*

Qu'est-ce donc aujourd'hui, pour les Français, que le tourisme ?

Autrefois, le tourisme était *l'art égoïste de bien voyager.* Aujourd'hui c'est *l'industrie nationale du bien recevoir.* Le tourisme a ainsi passé, — tout d'un bloc — du domaine de l'agrément individuel ou collectif à celui de l'économie générale. Il importe donc que sans tarder, notre pays tout entier sache en tirer profit, un profit que nous allons démontrer immense.

Le tourisme est une industrie privilégiée par rapport à toutes les autres. Analysons-en sommairement les conditions, et traitons le problème en hommes d'affaires.

Une industrie quelconque est basée sur l'exploitation d'un produit. Cette exploitation comporte :

a) L'acquisition ou la création du fonds de commerce;

b) L'achalandage, c'est-à-dire l'acquisition ou la recherche de la clientèle ;

c) Le matériel et l'outillage nécessaires à la création du chiffre d'affaires.

A. — Fonds de commerce.

Le fonds de commerce du tourisme, c'est le capital de beauté de la France. Il n'a rien coûté à personne. Il est la propriété de tous et est exploitable par tous. Son domaine est illimité car il comprend non seulement la beauté de nos sites et la splendeur de nos monuments, mais la diversité de nos climats, nos innombrables richesses thermales, nos qualités nationales d'hospitalité, et, redisons-le encore, le rayonnement de gloire dont l'admirable héroïsme de nos poilus a couronné cet incomparable ensemble.

Peut-on chiffrer la valeur d'un site? Essayez de prendre comme exemple la plus connue de nos beautés naturelles, le mont Blanc. Les statistiques de Compagnies de chemins de fer nous permettent des approximations très faciles. Elles nous apprennent qu'en 1913, 400.000 touristes ont visité la face française du mont Blanc; 275.000 sa face italienne; 350.000 ses versants suisses. En admettant, pour chacun de ces touristes une moyenne de dépenses, dans la région, de 50 francs pour frais de transport, de logement, d'achat de souvenirs, etc., ce qui est, on le reconnaîtra, très modeste, on arrive à ce résultat impressionnant que le mont Blanc, en 1913, a provoqué à lui tout seul, un chiffre d'affaires de 52 millions de francs.

Quel capital faudrait-il à une industrie quelconque pour créer un pareil chiffre d'affaires?

Il en a coûté 10 millions pour faire la Tour Eiffel : à combien pourrait-on évaluer, en supposant ce formidable effort possible, la création d'un mont Blanc?

Or, ce mont Blanc ne nous a rien coûté. Et il en est de même de toutes les merveilles naturelles qui couvrent notre sol. Ne pas comprendre la valeur économique de cet immense avantage, c'est fermer les yeux volontairement sur une de nos plus grandes richesses.

B. — Clientèle.

Ici encore, il nous sera facile de reconnaître le privilège incontestable de l'exploitation touristique sur toutes les autres. Il n'est pas d'industrie qui ne doive consacrer un budget, plus ou moins important, à la vulgarisation de ses produits, et dont le chiffre d'affaires ne soit en quelque sorte proportionnel à l'importance de cette publicité. S'il est difficile de réaliser les moyens de propagande suffisants pour s'assurer la *quantité* de la clientèle, il l'est peut-être encore plus de s'attirer à coup sûr sa *qualité*. Une seule industrie peut à l'heure présente compter sur tous ces avantages réunis, et avec un minimum de frais vraiment exceptionnel : le Tourisme.

Cette clientèle, c'est le monde entier, qui dès la guerre finie viendra rendre à la France le tribut d'admiration que nous vaut le meilleur de notre sang sacrifié à la meilleure des causes. C'est l'invasion pacifique de notre pays par tous ceux, amis ou alliés, qui voudront de leurs yeux avoir vu les champs de bataille désormais célèbres où la civilisation terrassa la barbarie, et parcourir cette voie sacrée qui de Nieuport aux Vosges contient plus de souvenirs que n'en relata jamais l'histoire complète des guerres du monde entier. C'est cette clientèle aussi qu'il nous faudra savoir garder chez nous, qu'il nous faudra aiguiller vers tous nos sites, vers toutes nos régions de France.

On estimait avant la guerre sous-marine intensive que, dès le début de la paix, il y aurait en France un afflux annuel d'au moins 1.500.000 visiteurs.

La crise du fret a profondément modifié ces prévisions. Après la guerre, les moyens de transport ne se reconstitueront pas du jour au lendemain, et une grande partie du tonnage disponible devra être consacrée au ravitaillement mondial avant de l'être au transport des voyageurs. En tenant le plus large compte de ces considérations, on est amené à réduire à 500.000 le nombre de touristes étrangers possible en France au cours de la première année d'après-guerre ; on peut estimer également qu'avec l'augmentation graduelle des possibilités de transport, il s'élèvera successivement à un million, puis à un million et demi au cours de la deuxième, puis de la troisième année.

En chiffres ronds, on a le droit de compter sur trois millions de visiteurs en trois ans. A quelle recette cela correspondra-t-il ?

Un voyageur qui parcourt un pays est soumis à trois ordres de dépenses :

1º Ses frais de logement et de subsistance, c'est-à-dire d'hôtel ;

2º Ses frais de transport ;

3º Ses achats de toutes sortes, qui s'appliquent à presque toutes les industries du pays aussi bien à celles de première nécessité qu'à celles de luxe.

Or, on a été amené à admettre que la dépense moyenne journalière de transport était sensiblement égale à la journée moyenne d'hôtel, et que les dépenses autres, c'est-à-dire les achats divers, représentaient *le triple de cette somme*.

En d'autres termes, un voyageur étranger laisse dans le pays qu'il visite une quantité d'argent égale à cinq fois sa note d'hôtel. Inutile de dire que tout cet argent reste dans le pays et que *tout le pays en profite également de par toutes ses industries et tous ses commerces.* C'est donc un chiffre d'affaires qui lui est intégralement acquis.

Quel sera ce chiffre d'affaires ? Peut-on le prévoir ?

Il est évident que la plupart de nos visiteurs ne viendront pas voir le front seulement. Nos innombrables visiteurs d'outre-océan ne feront pas la longue traversée pour ne rester ici que quelques jours. Nous pouvons donc tabler — et nous croyons que l'on ne nous taxera pas d'exagération — sur une durée moyenne de séjour de trente jours.

Il est bon d'ouvrir ici une parenthèse afin que les chiffres sur lesquels nous nous appuyons ne paraissent pas exagérés. Il ne faut pas oublier la profonde dépréciation de la valeur actuelle de l'argent par rapport à sa puissance d'achat ; dépréciation qui ne pourra aller qu'en croissant et cela bien au delà de la fin des hostilités. Il ne faut pas perdre de vue, non plus, que nous envisageons ici principalement la clientèle d'outre-mer, dont l'unité monétaire est la pièce de 5 francs — dollar ou peso. La journée d'hôtel qui était, pour des conditions moyennes, de 10 francs avant la guerre, en vaudra 20. D'un autre côté un Américain qui eût fait des achats pour 50 francs paiera les mêmes objets 100 francs et pour lui, ce ne sera jamais que 20 dollars.

Enfin n'oublions pas que « touristes » dans cette clientèle, se confond avec « acheteurs » et que le budget du voyage comporte pour elle des achats souvent de la plus haute importance. Si donc l'on admet que la journée moyenne d'hôtel revienne à nos hôtes à 20 francs, on en arrive à la conclusion suivante :

Trois millions de voyageurs, au cours des trois premières années d'après-guerre, séjourneront chacun pendant trente jours en France avec un coefficient de dépense moyenne de cent francs.

C'est exactement 9 milliards, 9 milliards d'or qui rentreront dans notre pays, qui alimenteront toutes nos sources d'activité et de production et qui seront le facteur le plus immédiat et le plus certain de la baisse de notre change.

Chose encore plus importante : les frais de publicité nécessaires pour appeler cette pluie d'or sur notre pays sont pour ainsi dire négligeables. On pourrait presque dire qu'au point de vue régional ils sont presque nuls. Et en effet, sans entrer dans de longs détails, la publicité nécessaire ne sera pas une publicité d'appel mais une propagande spécialement étudiée pour faire connaître à tous ces étrangers — *déjà prêt à partir sans y avoir été sollicités* — les ressources de la France et pour les aiguiller, d'après l'importance même de ces ressources, sur nos diverses régions de tourisme. Or, cette publicité, c'est l'Office National du Tourisme et le Touring Club qui en ont d'ores et déjà pris la charge au point de vue général : Ce sont les Compagnies de chemins de fer qui s'en occuperont de plus en plus en ce qui concerne chacun son réseau, et enfin ce sont les fédérations de Syndicats d'Initiative qui auront la tâche, désormais rendue facile, de préparer, grâce à ces puissants appuis, des guides régionaux édités en plusieurs langues, dont les modèles sont actuellement à l'étude.

.C. — Outillage.

Nous croyons avoir suffisamment démontré que l'industrie du tourisme est nettement privilégiée; nous avons passé en revue les qualités de premier ordre de son fond de commerce et de sa clientèle. Sa mise en valeur ne dépend donc plus que de son outillage. Or, l'outillage primordial du tourisme est l'hôtel.

Le problème hôtelier consiste-t-il à loger à leur convenance les millions de curieux français ou étrangers qui voyageront en France après la guerre? Le sublime martyre de notre pays serait-il ravalé au rang d'une attraction, comparable à je ne sais quelle année de fantastique Exposition universelle? Même dans ces dimensions mesquines, le problème aurait de l'intérêt, car il se résoudrait par une grosse rentrée de capitaux pour la France.

Mais combien plus vaste et plus passionnant il est !

L'industrie hôtelière, dans un pays qui exerce sur l'étranger une attraction aussi forte que le nôtre, ne peut être envisagée dans son bloc isolé. Elle est chez nous une industrie fondamentale, voilà la vérité, une industrie qui vaut par sa capacité propre, mais aussi et surtout par l'étayement qu'elle donne à toutes nos industries en général, et, d'évidence, à toutes nos industries de luxe quelles qu'elles soient.

La rue de la Paix peut étinceler : elle ne fera pas d'affaires si les hôtels de la capitale sont lézardés. Aix et Vichy auront en vain des eaux supérieures à celles de leurs concurrentes allemandes : l'étranger s'en ira guérir en Bochie si les lits des hôtels boches sont meilleurs que les lits français. La route des Alpes et la route des Pyrénées demeureront des merveilles platoniques si, au crépuscule, quand le soleil incendie les cimes, les automobiles sont obligées de redescendre dans la vallée pour y loger, et si le spectacle enchanteur doit tous les soirs être brisé : le Tyrol et les Dolomites reprendront leur attrait...

L'industrie hôtelière, — nous voudrions que tous les gens intelligents, si nombreux en France, qui prennent la peine d'analyser les grands problèmes sociaux, en fussent bien persuadés — l'industrie hôtelière est pour notre pays non seulement un élément propre de richesse, mais la base même de quantité d'autres de ces éléments. Pour prendre des exemples concrets, nous dirons que la prospérité de nos industries d'art, de nos industries de modes, l'assise de nos bijoutiers et orfèvres, de nos couturiers, de nos théâtres, de nos compagnies de navigation et de transport, que la prospérité de toutes nos villes d'eaux, de nos villes anciennes, de nos plages, de nos stations d'altitude ou d'hiver, etc., dépendent, et dépendront de plus en plus après la guerre, de la prospérité de l'industrie hôtelière.

Même militairement écrasés, nos ennemis demeureront pour toute notre industrie et tout notre commerce d'infatigables concurrents. Ils ont compris que l'hôtellerie, dans les mœurs nouvelles, sera le canevas sur lequel se brodera toute industrie de luxe, parce que, de plus en plus poussés par le désir de se connaître, encouragés par le progrès des transports, les « possidentes » de chaque peuple se mettront à parcourir le pays, et que l'hôtellerie, bien plus encore que le site ou la cure, retiendra le client aux poches pleines pour qu'il les vide sur place.

Le tourisme et l'hôtellerie sont des armes d'enrichissement et de conquête morale : le peuple qui sait retenir les étrangers chez lui gagne à la fois leur portefeuille et leur cœur.

L'hôtellerie aujourd'hui, on le voit, ce n'est donc plus seulement l'art éminemment français de recevoir avec amabilité et talent le voyageur qui frappe à votre porte pour avoir repas et coucher. C'est, ce doit être, une entreprise de récupération nationale, un procédé ayant pour but de forcer les *Français riches* à répartir sur toutes nos provinces le superflu de leur fortune : un moyen élégant d'opérer peu à peu au bénéfice de notre pays le virement d'une partie des milliards dont nous avons enrichi les neutres.

Extraordinaire combinaison où les gagnants sont des deux côtés ! Mirifique contrat où l'on n'entrevoit que des sourires, où les deux parties se traitent avec grâce, à la française : le touriste enchanté de savourer la plus belle contrée et la plus lumineuse civilisation du monde ; et notre pays, radieux de la prospérité de ses enfants dans la paix.

Vu d'un tel sommet le problème de l'hôtellerie française ne peut que susciter l'enthousiasme, puisque son meilleur objet, le tourisme, est devenu aujourd'hui un des gros facteurs économiques de la France.

Le relèvement et l'épanouissement de l'industrie hôtelière ne peuvent être obtenus que d'un labeur inlassable, d'une ténacité à l'épreuve du découragement, d'un entêtement dédaigneux de l'inintelligence des pontifes. Car, hélas! il ne suffit pas à l'avocat de la meilleure des causes de posséder des arguments clairs comme le soleil ; il faut encore qu'il les fasse pénétrer dans les cavernes profondes des esprits. Et combien il fait noir souvent, combien il fait petit, dans les cerveaux des présidents, des rapporteurs, de cette menue monnaie de la puissance sociale !

La question est cependant fort simple. Le lendemain de la signature de la paix, la première industrie qui repartira sera l'hôtellerie. Elle sera celle sans qui aucune n'aura d'aisance à renaître, sans qui beaucoup ne renaîtront pas. Pas d'hôtellerie régénérée ? Pas de voyageurs, pas de touristes, pas d'étrangers ; donc, pas d'affaires. Pas d'affaires ? La France victorieuse par les armes, victorieuse par la pensée, demeurera incapable à jamais de surmonter son anémie et se muera en une moribonde. Faut-il de longues heures de réflexion à un esprit sérieux pour s'assimiler cette vérité ?

Le programme général du relèvement et de l'épanouissement de l'industrie hôtelière, envisagé par le T. C. F. dès 1915, lui a paru s'établir en cinq points principaux :

1° **Unir**. — Le monde hôtelier tout entier est désormais uni et commence à prendre la formation de combat qui seule lui vaudra le triomphe. La Chambre nationale de l'Hôtellerie française est constituée depuis juin 1917.

2° **Recruter un personnel français**. — Le personnel qui desservait les hôtels en 1914 a diminué de tous les hommes qui sont tombés à l'ennemi, et de tout le contingent odieux qui s'y était infiltré. Or, le personnel indispensable à nos hôtels reconstitués et augmentés devra être beaucoup plus nombreux qu'il ne l'était autrefois. Il a donc paru au T. C. F. qu'il fallait tout de suite instituer un enseignement hôtelier qui dans quelques années leur fournît un personnel instruit et abondant. D'accord avec les ministères du Commerce et de l'Instruction publique il a mis sur pied un programme général de l'enseignement hôtelier.

Basées sur ce programme, 14 écoles hôtelières fondées avec son appui fonctionnent déjà. Le problème est donc en pleine voie de résolution.

3° **Reconstruire et améliorer**. — Quantité d'hôtels sont détruits ou gravement atteints par les faits de guerre. Il est nécessaire que leurs propriétaires puissent trouver à des conditions raisonnables les fonds qui vont leur être indispensables.

Nous abordons ici la question si intéressante du Crédit hôtelier. Nous en reparlerons plus loin.

4° **Créer**. — Les hôtels à créer en France, en Corse, en Algérie et en Alsace, sont au nombre de plusieurs centaines. Ce sont de grands et de petits hôtels de tourisme, des auberges, des spécimens bien évidents de l'art hospitalier français que le T. C. F. désire voir s'élever.

5° **A la française**. — Enfin, sur tous ces desseins, le T. C. F. s'est toujours proposé de maintenir les principes de la suave et délicate culture française.

Qu'entendons-nous par là ? C'est aussi difficile à expliquer que facile à saisir. Cela va du petit au grand, du meuble à l'immeuble, du geste au personnel. Nous menons campagne pour l'architecture française et pour l'ameublement français ; nous combattons aussi énergiquement — prenons des exemples — le portier chamarré de galons d'or comme un général bulgare, que la façon écœurante de manger les œufs à la coque dont les Allemands introduisaient chez nous la coutume, en les cassant dans un verre à bordeaux.

Par là surtout nous entendons que les hôtels en France devront désormais appartenir à des Français et que le personnel des hôtels de France devra être Français. L'industrie hôtelière offre d'excellentes places : ces places dorénavant devront toutes appartenir à nos hommes, à nos femmes, aux veuves de nos officiers ou soldats, à nos mutilés autant qu'il se pourra.

Tel est dans ses grandes lignes le programme du relèvement et de l'épanouissement de l'industrie hôtelière en France.

Dès que le canon ne tirera plus, dès que notre ennemi sera définitivement servi, un torrent de visiteurs déferlera sur la France glorieuse. Il faut que nous les y retenions, que nous ayons les moyens de les y retenir, pour qu'ils nous enrichissent, oui ; mais encore pour qu'ils constatent par eux-mêmes que la terre française est aussi admirable dans ses sites que dans ses vertus.

Conclusion.

Toutes les industries auront besoin, après la guerre, d'un laps de temps plus ou moins prolongé pour pouvoir repartir dans de bonnes conditions. Le matériel et la main-d'œuvre feront défaut à la plupart d'entre elles et constitueront une entrave très appréciable à leur renaissance.

Par contre, le capital de beautés de la France est resté intangible ; ses sites, ses monuments sont une richesse d'exploitation immédiate. Les ruines, même provoquées par nos ennemis, constituent un élément d'attraction de plus pour les étrangers qui viendront visiter notre territoire.

Il faut donc considérer le tourisme comme la seule et unique industrie qui sera en état de fonctionnement immédiat lorsque le dernier coup de canon aura été tiré.

Pour mettre le tourisme en état de remplir la fonction importante et initiale de facteur primordial de rentrée d'or dans notre pays, il manquera une seule chose : ce sont les hôtels nécessaires.

Il y a urgence évidente à créer le matériel hôtelier qui nous fait défaut et que nous réclamons depuis si longtemps. Si nous pouvons mettre sur pied pour être prête à la fin de la guerre une hôtellerie suffisante, elle jouera au point de vue économique le rôle d'une pompe à aspirer l'or étranger et à le refouler sur toutes nos industries.

Il est impossible dans les conditions présentes de songer un seul instant à créer le nombre d'hôtels neufs voulu pour satisfaire à ce besoin immédiat.

En supposant que la guerre se termine dans un an, des hôtels neufs ne répondraient pas à la solution du problème, car il faut trois ans pour construire un hôtel et le mettre en état d'exploitation.

S'il est d'une absolue nécessité de prévoir un **programme de constructions neuves** pour que d'ici trois ans nous puissions avoir une hôtellerie digne de la France, il n'en faut pas moins envisager dès maintenant des solutions plus immédiates qui ne peuvent être basées que sur le remaniement aussi complet que possible des hôtels existant actuellement dans les régions de tourisme.

Le programme hôtelier se décompose donc en deux parties bien nettes :

1° Organisation immédiate des hôtels existants pour les années qui vont venir.

2° Création d'un matériel hôtelier neuf pour les années qui suivront.

L'appropriation aux nécessités du jour de notre matériel hôtelier actuel peut se définir de la manière suivante : il y a en France 25.000 hôtels, dont 10.000 environ pourraient se prêter à des transformations.

L'Américain en voyage n'exige aucun luxe. Par contre, il tient à une chambre aussi vaste, aussi aérée et aussi claire que possible, d'une surface normale de 24 à 30 mètres, avec une possibilité de 70 litres d'eau chaude et froide par personne, et par jour. Or, grâce aux efforts du Touring Club, il existe en France près de 50.000 chambres d'hôtels qui pourraient être facilement transformées et agrandies.

En supprimant une cloison par groupe de deux chambres ou deux cloisons par groupe de trois chambres, la question du cube d'air est facilement résolue.

Les questions d'eau se résoudront également avec facilité, la majeure partie de nos hôtels ayant adopté le chauffage central. Enfin, tous les hôteliers consultés par nous accepteront avec empressement de réduire leurs chambres comme nombre, car si une chambre du type actuel Touring Club rapporte en moyenne deux francs par jour à l'hôtelier, une chambre du type américain lui en rapportera un minimum de six.

Le prix moyen de cette transformation est, suivant les catégories d'hôtels, de 500 à 700 ou 1.000 francs par lit ainsi reconstitué. Il y a donc lieu d'adopter une moyenne de 750 francs.

D'un autre côté, si l'on admet le chiffre de 500.000 étrangers pour la première année et pour chacun d'eux une durée moyenne de séjour de trente jours, cela fait quinze millions de journées d'hôtels à fournir. Ce qui nécessite la création de 40.000 lits nouveaux.

En résumé, création rapide et infiniment plus certaine à effectuer que toute construction neuve.

Prix de revient lui-même infiniment plus bas et demande de crédit plus facile à satisfaire, puisqu'elle est gagée par des installations existantes.

En estimant même à 1.000 francs la valeur du lit ainsi produit, c'est une somme globale de 40.000.000 qui est nécessaire pour constituer ce premier matériel initial, nécessaire à la France pour qu'elle puisse exercer son hospitalité.

En supposant qu'un établissement financier spécial soit créé pour les besoins créditeurs de l'industrie hôtelière, il trouvera donc là une série d'opérations bancaires de tout repos, car elles pourront avoir pour base un avenir industriel sans égal.

Nous cherchons d'ailleurs, en nous basant sur ce fait que l'industrie hôtelière doit être considérée comme une industrie nationale, à ce que cette création si importante ait un appui financier, de caractère gouvernemental, et nous étudions à l'Office National du Tourisme (ministère des Travaux publics) le moyen d'affecter à l'ensemble de cette reconstitution hôtelière immédiate, une forme à déterminer de garantie d'intérêts qui serait gagée elle-même par les recettes que vaudra à l'Office le vote, très prochain, de la taxe de séjour dans les stations climatériques et thermales.

Constructions neuves. — On trouvera le développement des questions se rapportant à cet ordre d'idées dans les deux brochures éditées par le Touring Club: *La plus belle des industries* et *Les Hôtels à créer* (1).

L'établissement bancaire, dont il est question plus haut, aura à envisager les moyens aptes à mettre sur pied ce programme. Ces moyens ont été étudiés par une Commission constituée sur notre demande au ministère des Travaux publics et comprenant les représentants de la Banque de France, du ministère des Finances, et des Associations de tourisme.

---

(1) Ces brochures pourront être demandées au Touring Club de France, 65, avenue de la Grande-Armée, Paris.

Ces études ont abouti, au moins provisoirement, à un projet de constitution d'établissement financier qui serait le Crédit National Hôtelier. Au cours de la dernière séance du Conseil supérieur du Tourisme, M. Charles Dumont, député, ancien ministre et président de la Société Centrale des Banques de Province, a accepté, au nom de cet important établissement financier, de créer ce nouvel établissement de crédit, analogue, sous bien des rapports, au Crédit Foncier.

Le capital (20.000.000) serait constitué par tous les intéressés au développement du tourisme — Compagnies de Chemins de fer, de Navigation, Armateurs, Chambres de Commerce, Industriels et Commerçants, etc. Des émissions d'obligations (prévues pour le chiffre de 40.000.000 indiqué plus haut) fourniraient les capitaux nécessaires aux prêts à l'industrie hôtelière, etc. Mais, dans les circonstances présentes, le rapide aboutissement de cette création bancaire qui est |urgente ne pourra s'effectuer que si l'Etat, lui-même si intéressé à la rentrée de l'or et à la baisse du change donne un appui, au moins de début, à son fonctionnement. D'un autre côté, pour encourager les petits hôteliers aux aménagements et aux perfectionnements nécessaires, il faudra, étant donnée la cherté actuelle de l'argent, trouver pour la période actuelle, une formule permettant, dans certains cas, des prêts à des taux réduits.

En résumé, les nécessités actuelles de la situation hôtelière paraissent devoir aboutir aux vœux suivants :

1º Que soit voté le plus rapidement par le Parlement la loi sur la taxe de séjour, avec prélèvement en faveur de l'Office National du Tourisme, afin que ce dernier, sur les fonds ainsi mis à sa disposition, puisse, par des subventions aussi larges que possible, encourager les aménagements immédiats nécessaires au perfectionnement de l'industrie hôtelière.

2º Que la création du Crédit National Hôtelier soit encouragée dans le plus bref délai par le Gouvernement, et que cette aide officielle se traduise, autant que possible, par une garantie d'intérêts étudiée sur les bases indiquées par la Société Centrale des Banquiers de Province.

L. AUSCHER,
L. BAUDRY DE SAUNIER.

ANNEXES

A. — Projet de loi sur la taxe de séjour.

ARTICLE 1er. — Les communes, fractions de communes ou groupes de communes, qui offrent aux visiteurs un ensemble de curiosités naturelles ou artistiques, peuvent être érigées en stations de tourisme et admises au bénéfice de la loi du 15 avril 1910. Cette création a pour objet de faciliter la visite de la station, et de favoriser sa fréquentation et son développement, par des travaux d'assainissement, d'embellissement ou d'amélioration des conditions d'accès, d'habitation, de séjour ou de circulation.

La Chambre d'industrie thermale ou climatique prévue par l'article 7 de la loi précitée sera pour ces stations remplacée par une Chambre d'industrie touristique composée suivant les mêmes principes, mais où les deux médecins à désigner par le préfet seront remplacés par des personnes qualifiées appartenant aux associations de tourisme de la région.

Le Conseil d'administration de l'Office Nationale du Tourisme exercera, en ce qui concerne ces stations, les attributions dévolues à la Commission permanente des stations hydrominérales et climatiques de France pour l'application de l'article 6.

ART. 2. — Un décret rendu en Conseil d'Etat sur la proposition du ministre de l'Intérieur après avis des Conseils municipaux, des Conseils généraux, des Conseils départementaux d'Hygiène, de l'Académie de médecine, du Conseil supérieur d'Hygiène Publique de France et de la Commission permanente des stations hydrominérales et climatiques de France arrêtera la liste des stations hydrominérales et climatiques.

Un autre décret rendu en Conseil d'Etat sur la proposition du ministre des Travaux publics et, après avis du ministre de l'Instruction publique et des Beaux-Arts, sur la demande des Conseils municipaux, et après consultation des Conseils généraux, des Commissions départementales des sites et des monuments naturels, ou de la Commission des Monuments historiques et du Conseil d'administration de l'Office National du Tourisme, arrêtera la liste des stations reconnues de tourisme.

Les communes, fractions de communes ou groupes de communes qui n'auraient pas été comprises dans les listes ainsi formées pourront toujours réclamer auprès du ministre de l'Intérieur ou du ministre des Travaux publics, leur inscription sur ces listes. Le même droit appartiendra aux associations déclarées visées par le § 4 de l'article 1er de la loi du 12 avril 1910, aux préfets, aux syndicats d'initiative, aux associations de tourisme et à l'Office National du Tourisme. Il sera statué sur ces demandes dans les conditions et formes prévues par la loi du 13 avril 1910, et par la présente loi.

Les stations hydrominérales, climatiques ou de tourisme seront tenues de percevoir une taxe de séjour recouvrée dans les conditions fixées par la loi du 13 avril 1910.

Le tarif de cette taxe ne pourra être inférieur à 0 fr. 10 centimes par personne et par jour de séjour, ni être supérieur à un franc. Le tarif ainsi que les bases d'établissement et les conditions d'application, d'atténuation ou d'exemption sont fixés pour chaque station par un décret en Conseil d'Etat, rendu : 1° pour les stations hydrominérales et climatiques sur la proposition du ministre de l'Intérieur et sur les bases établies par la Commission permanente des stations hydrominérales et climatiques après enquête et consultation du Conseil municipal et de la Chambre d'industrie thermale ou climatique instituée par application de la loi du 13 avril 1910.

2° Pour les stations de tourisme, sur la proposition du ministre des Travaux publics après avis du ministre de l'Instruction publique et des Beaux-Arts (Section des Beaux-Arts) et sur des bases établies par le Conseil d'administration de l'Office National du Tourisme après enquête et consultation du Conseil municipal et de la Chambre d'industrie touristique.

A la taxe de séjour s'ajoutera une taxe additionnelle qui sera établie d'après le tarif ci-après :

10 francs dans les stations où le produit net du principal de la taxe n'aura pas dépassé, pendant l'année précédant l'imposition, une somme de 20.000 francs ;

15 francs dans celles où ce produit net, supérieur à 20.000 francs, n'aura pas dépassé 50.000 francs ;

20 francs dans celles où ce produit net aura dépassé 50.000 francs.

Dans les stations où la taxe de séjour n'aura pas encore été perçue pendant un an, le taux de la taxe additionnelle sera, pour la première année, de 15 %.

Le recouvrement de taxe additionnelle sera effectué en même temps et dans les mêmes formes que celui de la taxe principale.

Le produit de la taxe additionnelle constituera un fonds commun, qui sera attribué à l'Office National du Tourisme dont l'objet, tel qu'il est déterminé par l'article 123 de la loi de finances du 8 avril 1910, est complété ainsi qu'il suit :

3° « D'organiser la propagande en France et à l'Etranger aussi bien pour les stations de tourisme que pour les stations hydrominérales et climatiques et de faire connaître par tous les moyens l'ensemble des beautés naturelles ou artistiques et des richesses naturelles de la France;

4° « D'encourager et de favoriser par tous les moyens l'amélioration des conditions d'habitation et de séjour dans les stations hydrominérales climatiques ou de tourisme et d'en faciliter l'accès. »

Les fonds mis à la disposition de l'Office au titre de la présente loi seront employés à des œuvres de propagande ou de vulgarisation et à toutes entreprises destinées, soit à favoriser la fréquentation et le développement des stations, soit à y améliorer les conditions d'accès, d'habitation ou de séjour.

Exceptionnellement et sur avis favorable du ministre de l'Intérieur, des subventions peuvent être accordées sur ces fonds aux établissements scientifiques de l'Etat ou aux établissements d'enseignement ou de recherches reconnues d'utilité publique, ainsi qu'aux communes classées comme stations hydrominérales ou climatiques, en vue de l'exécution de travaux d'embellissement ou d'amélioration des conditions d'accès, de séjour et de circulation aux abords.

A la fin de chaque année, le ministre des Travaux publics transmettra au ministre de l'Intérieur un état détaillé des recettes et des dépenses effectuées par l'Office National du Tourisme et des stations hydrominérales et climatiques, en conformité de la présente loi.

Sont abrogées toutes les dispositions çontraires à la présente loi.

Des règlements d'Administration publique détermineront les conditions d'application de la présente loi et en particulier le fonctionnement de l'Office National du Tourisme.

B. — Note sur le programme financier du « Crédit Hôtelier ».

Les capitaux nécessaires au développement de l'industrie hôtelière en France devront être demandés au public sous deux formes différentes :
1° Par voie de souscription d'un capital-actions;
2° Par voie d'émission d'obligations.

1° **Capital-actions.** — Ce capital, devant supporter la plus grande partie (non pas l'intégralité comme il sera vu ci-après) des risques de l'affaire, devra en partie tout au moins être recueilli auprès des organismes, des groupements de grandes sociétés intéressées.

Dans l'esprit des fondateurs, ce capital devrait être, au début tout au moins, de 20 millions de francs. Il serait récupéré sur les bénéfices de l'affaire, avec une limitation toutefois provenant, comme il sera expliqué ci-après, du fait que les risques même courus par ce capital se trouveront très sensiblement diminués si le programme .envisagé peut être réalisé par l'intervention de l'Office National du Tourisme ou par toute autre intervention de, l'Etat.

2° **Obligations.** — Le capital-obligations pourrait atteindre jusqu'à quatre fois le montant du capital-actions, mais il semble cependant raisonnable de se limiter au début à une émission d'obligations de 40 millions de francs.

Dans l'esprit des fondateurs, ce capital-obligations devrait trouver auprès de l'Office National du Tourisme ou de tout autre orgamisme officiel des garanties spéciales qui pourraient être constituées sous la forme suivante :

Des démarches ont été entreprises depuis quelque temps auprès des Pouvoirs publics en vue d'obtenir que la taxe de séjour récemment instituée devienne obligatoire pour toutes les stations balnéaires ou thermales et pour tous les centres touristiques. Sur le produit de cette taxe, 20 % seraient mis à la disposition de l'Office National du Tourisme, afin de développer le tourisme en France. Or, quelle meilleure utilisation pourrait-il faire de ces fonds que d'aider au développement de l'industrie hôtelière en France, base même du développement du tourisme lui-même ?

Il serait sans doute facile de se mettre d'accord, tant avec l'Office National du Tourisme qu'avec les Pouvoirs publics, pour l'établissement d'une formule, d'après laquelle, par exemple, sur les sommes lui revenant sur la taxe de séjour, l'Office National du Tourisme verserait chaque année au Crédit Hôtelier une somme destinée à la constitution d'un fonds de garantie dans lequel le Crédit Hôtelier serait autorisé à puiser chaque fois que son compte de profits et pertes après le service des obligations menacerait de se solder par une perte.

L'Office National du Tourisme arrêterait ces versements dès que le fonds ainsi constitué aurait atteint, par exemple, 25 % du montant des obligations émises.

En contre-partie la Société s'interdirait de distribuer à ses actionnaires un dividende supérieur à 6 %, tant que les versements de l'Office National du Tourisme auraient à être poursuivis, ou que, ces versements ayant été interrompus, l'Office National du Tourisme ne se serait pas vu intégralement remboursé de ses débours par suite de la substitution des réserves propres de la Société aux fonds versés par elle en vue de la constitution du compte de garantie des obligations.

La Société, en effet, après des amortissements jugés raisonnables et distribution d'un dividende de 6 %, porterait chaque année le solde de ses bénéfices au crédit de ce même compte d'amortissements, en vue d'accélérer sa constitution au maximum prévu ci-dessus, puis, par la suite, d'assurer le remboursement à l'Office National du Tourisme du fonds constitué par lui.

Le Crédit Hôtelier dont l'objet général sera le développement de l'industrie hôtelière en France, devra, dans toute la mesure où ceci lui sera possible. travailler un peu comme un Crédit Foncier, c'est-à-dire sous forme d'avances plutôt que devenant personnellement propriétaire d'hôtels. Il ne peut être question, évidemment, de limiter, comme pour le Crédit Foncier de France, les avances que le Crédit Hôtelier sera autorisé à faire à tel ou tel propriétaire d'hôtel, soit sur son fonds de commerce, soit sur warrants hôteliers, soit même sur immeubles. Il s'agit, en effet, en l'espèce, un peu comme en matière de banque, surtout d'un crédit personnel pour lequel la valeur de l'intéressé, valeur professionnelle et valeur morale, aura à être envisagée bien plus encore que ses ressources.

Sans s'interdire par conséquent d'une façon formelle la construction et l'exploitation directe d'hôtels, le Crédit Hôtelier devra s'efforcer d'aider les hôteliers actuellement existants. soit à développer leurs affaires, soit à améliorer les installations en vue de les mettre à la hauteur des nouvelles exigences de confort du voyageur et en particulier du voyageur américain dont l'arrivée en masse est escomptée pour après la guerre.

Les risques courus par le Crédit Hôtelier se trouveront ainsi extrêmement limités, ceci d'autant plus qu'étant donnée la difficulté qu'éprouverait un organisme central à évaluer les crédits, le Touring Club de France, dont le dévouement à la cause du tourisme ne s'est jamais démenti depuis sa création, favoriserait l'établissement des liens étroits entre le Crédit Hôtelier et des groupements constitués par les fédérations des syndicats d'initiative, qui se mettraient à la disposition du Crédit Hôtelier pour tous renseignements à recueillir, surtout pour collaborer à la constitution éventuelle dans les centres intéressés de groupes de garanties qui fourniraient caution au Crédit Hôtelier pour une faible partie, 10 % par exemple, des capitaux engagés, mais dont les avis sanctionnés par une semblable caution seraient certainement toujours donnés avec la plus g ande prudence et en parfaite connaissance de cause.

Le Crédit Hôtelier pourrait d'ailleurs tirer une source de profits de quelque importance en étant l'intermédiaire des hôteliers français, pour l'étude et la mise au point de toutes les questions concernant leurs assurances, incendie, responsabilités civile, personnelle, etc.

Dans ces conditions, le capital-actions de l'affaire qui aurait pu, au premier abord, paraître comme un placement de fonds un peu risqué, se présenterait dans des conditions de garanties tout à fait exceptionnelles, puisque, d'une part, les prêts seraient faits avec toutes les probabilités de sécurité désirable, que, d'autre part, le service des obligations, assuré par le fonds de garantie constitué à l'aide des versements de l'Office National du Tourisme, permettrait, en assurant au cours des mauvaises années éventuelles le service des obligations, d'amortir des pertes sans que le capital-actions se trouve entamé. Les fondateurs cependant ont songé à préciser les avantages indirects que pourraient retirer de l'affaire les grandes sociétés intéressées ou groupements corporatifs auxquels les souscriptions au capital-actions seraient demandées.

Il pourrait être établi, en prenant, par exemple, une compagnie de chemins de fer que, pour chaque cent mille francs souscrit par cette compagnie, le Crédit Hôtelier mettrait sur le réseau, à la disposition de l'industrie hôtelière, un montant cinq fois supérieur au montant de cette souscription, soit cinq cent mille francs. La même formule pourrait facilement être appliquée pour un groupement régional intéressé dans telle ou telle partie de la France, puisque les engagements pris vis-à-vis des divers souscripteurs dans la même forme ne s'additionneraient pas, mais se confondraient.

Il semble que, si ce programme tel qu'il est établi ci-dessus peut être définitivement mis au point, le placement, tant du capital-actions que du capital-obligations de l'affaire — ce dernier jouissant d'absolues et parfaites garanties — puisse être très facilement réalisé.

26 novembre 1917.

Président : Commandant CLOAREC.

———

RAPPORT

de M. le Colonel ESPITALLIER

SUR LE

RÉSEAU DE LA NAVIGATION INTÉRIEURE EN FRANCE

———

L'attention des milieux économiques et des Pouvoirs publics a été appelée depuis longtemps déjà sur l'insuffisance et le mauvais rendement de notre réseau intérieur de voies navigables. Il n'est pas inutile, sans doute, de comparer le développement du trafic sur les voies ferrées et sur les rivières et canaux.

Or, dans son rapport du 24 septembre 1916, M. le sénateur Audiffred comparaît deux époques caractéristiques en prenant pour point de départ l'année 1880, avant l'exécution du programme Freycinet, et pour point d'arrivée l'année 1913. Le trafic sur voies ferrées d'une part, et sur les rivières et canaux d'autre part, s'établissait alors comme suit, en tonnes-kilomètre.

	Chemin de fer	Rivières et Canaux
En 1880.	12,870 millions	1.500 millions
En 1913.	24.818 —	5.850 —

En trente-trois ans, le trafic avait ainsi doublé sur les chemins de fer ; mais il avait presque quintuplé sur les rivières et canaux. Faudrait-il conclure de cette rapide progression de notre système navigable que sa situation est satisfaisante puisqu'elle a permis un pareil développement ? Il est plus vrai d'en tirer cette constatation que les besoins auxquels il a fallu faire face augmentent avec une rapidité formidable et que si, sous l'empire de la nécessité, le réseau a pu atteindre à cet effort, c'est malgré sa mauvaise organisation qui est largement reconnue.

Formé pièce à pièce, au gré des besoins locaux et sans vues d'ensemble systématiques susceptibles d'en assurer la cohésion, le réseau de voies navigables a été fort délaissé, lorsque le développement imprévu des lignes ferrées a pu faire croire que le transport par eau était périmé. On a cessé d'accroître ce réseau, de l'améliorer sensiblement, jusqu'au jour où l'on s'est aperçu que les outils différents ont des rôles différents ; qu'ils ne s'excluent pas l'un l'autre, mais se complètent, et que c'est de l'accumulation et de la variété des moyens que l'on doit attendre le développement de l'activité industrielle et commerciale ; qu'en matière de transports en particulier, les marchandises ont des exigences diverses, intimement liées aux conditions de vitesse et de prix, les unes favorables à l'utilisation de la voie ferrée, les autres à l'acheminement par les voies d'eau ; et qu'il est enfin d'une sage politique économique de donner à chaque marchandise l'instrument de transport qui lui convient.

Après une période de stagnation où les rivières et les canaux sont restés dans un état inorganique depuis longtemps suranné, on s'est avisé enfin que leur amélioration s'impose.

Cette nécessité apparaît au double point de vue régional et national.

1º *Au point de vue régional*, le réseau est incomplet. C'est une erreur de croire que partout, en France, les sources d'activité ont été mises en valeur ; que si, façonnées par de longs siècles, des régions sont agricoles et d'autres industrielles, c'est là une destinée inéluctable et que les premières sont absolument dépourvues des éléments d'une industrie quelconque. Il serait plus juste de remarquer qu'elles sont surtout dépourvues des moyens de transports économiques que suppose l'exploitation de leurs richesses qui restent en sommeil. Qu'on les dote de l'outillage nécessaire, qu'on crée des débouchés, et les éléments de richesse qu'elles possèdent en puissance prendront un essor imprévu. C'est encore une croyance assez répandue que l'apparition des moyens de communication ne peut que suivre la manifestation des besoins préexistants ; or, l'exemple des pays neufs montre au contraire que la création des voies de transport doit précéder le trafic et le provoquer.

2º *En ce qui concerne l'intérêt national*, il convient de dire qu'un système de communications n'est efficace que s'il forme un réseau coordonné d'artères permettant les longs parcours en tout sens, sans rompre charge, en suivant les grands courants d'échanges, réseau dont les éléments doivent être, non pas abandonnés pour l'exploitation à une poussière d'entreprises sans liens, mais groupés au contraire sous des organismes administratifs puissants.

C'est parce que les chemins de fer satisfont à ces conditions qu'ils nous apparaissent comme les plus merveilleux instruments actuels de trafic. Il faut donc que le réseau navigable soit réorganisé, complété, amélioré, administré en s'inspirant des mêmes principes.

Avant la guerre, déjà, ces idées commençaient à se faire jour. Les circonstances mêmes de la lutte où nous sommes engagés, aussi bien que la crise des transports qui s'y est manifestée, ont mis en évidence les défauts du système général au milieu duquel nous nous débattons et l'impérieuse nécessité d'y porter remède, car leurs effets survivront à la guerre ; mais la situation ne date pas d'aujourd'hui. On sentait depuis quelques années que les voies ferrées atteignaient leur limite de capacité de transport, qu'il importait de mettre la navigation intérieure en état de décharger le rail, notamment de toute la catégorie de matières pondéreuses ou encombrantes dont le faible prix de revient s'accommode mal de frais supplémentaires élevés, en organisant, sur un programme d'ensemble, un vaste réseau navigable d'intérêt national, homogène et continu.

Toutefois, une pareille refonte du système comportait dès travaux d'une telle envergure qu'on reculait de jour en jour devant sa mise en œuvre. On espérait qu'il suffirait d'exécuter quelques améliorations successives, mal dotées de crédits sur les reliefs du budget. Avec de tels procédés, des siècles n'auraient pas suffi à réaliser un tout homogène.

Or, le moment n'est plus aux hésitations, la puissance économique du pays est en jeu. Tout notre outillage économique est à reconstituer, non plus par des efforts sporadiques et échelonnés, mais par une poussée immédiate et gigantesque, embrassant à la fois, et en complète coordination, les voies ferrées et les voies de navigation.

Pour les premières, les organisations existent qui permettront cette reconstitution rapide, et l'expérience est là qui montre à quelles modalités on peut avoir recours.

En ce qui concerne le réseau des rivières et canaux, tout est à faire, tout est à créer, depuis le programme jusqu'aux voies et moyens qui en assureront l'exécution, jusqu'à l'organisation qui permettra une exploitation rationnelle.

La réorganisation de notre système de navigation intérieure pourrait se diviser en trois chapitres :

1º L'AMÉNAGEMENT RATIONNEL DU RÉSEAU, basé sur un programme complet des travaux à entreprendre ou à mener rapidement à leur achèvement ;

2º LES VOIES ET MOYENS, c'est-à-dire le système financier qui en assurera l'exécution ;

3° LE RÉGIME D'EXPLOITATION qui permettra d'en tirer tout le parti possible.

I. — Aménagement du réseau.

Le réseau actuel est discontinu, comme si chacun de ses tronçons n'avait qu'une utilité étroitement régionale. Non pas que, sur la carte, tous ses linéaments ne soient reliés entre eux ; mais le profil, le gabarit des ouvrages diffèrent d'une artère à l'autre et même sur chaque artère, de telle sorte qu'il est impossible d'y faire circuler partout le même matériel de rendement économique, c'est-à-dire d'un tonnage suffisant, celui que prévoyait le programme de 1879 comme un minimum.

Si l'on ne peut prétendre aborder la tâche immense de mettre tous les canaux en état, on conçoit cependant que le système comporte au moins un réseau essentiel de grandes artères, auxquelles il faut joindre les principales voies affluentes, et qui doit présenter cet indispensable caractère de continuité. Que dire, par exemple, de l'une de nos plus grandes voies de navigation, qui devrait établir la communication entre la Méditerranée et la région du Nord, et sur laquelle existe cette véritable solution de continuité que constitue le défilé de la « Petite Saône », qui, entre Gray et Verdun-sur-Saône, empêche les bateaux naviguant sur le canal de la Marne à la Saône, de descendre jusqu'à Lyon ?

Les grandes artères du réseau sont commandées par les grands courants commerciaux établis de temps immémorial le long des vallées de nos fleuves.

Elles rayonnent du Plateau Central où un système de canaux remaniés à la moderne peut permettre toutes les soudures nécessaires, établissant ainsi les possibilités de transport d'un point quelconque à l'une quelconque des mers qui baignent si heureusement la plus grande partie de nos frontières.

Par ses trois mers, la France occupe une position privilégiée ; ses ports devraient être les premiers du monde. Que leur manque-t-il pour cela ?

Ce sont avant tout les communications faites par voies d'eau, capables de leur apporter le fret lourd provenant de notre territoire et nécessaire à la régularité de leur trafic ; ce sont aussi des voies de transit international suffisamment puissantes, traversant la France d'une mer à l'autre. Notre première tâche doit être d'aménager ces voies de pénétration et de transit.

Dans le système convergent qui caractérise le réseau français, on voit apparaître à Lyon le centre hydrologique de la France, comme Paris en est le centre ferrovière. Lyon doit être un grand port intérieur, le port de triage d'un énorme trafic. Lyon doit jouer, sur le

Rhône, le rôle de Rouen sur la Seine, de Mannheim sur le Rhin. Son éloignement à 250 kilomètres de la mer n'y fait pas obstacle, car la distance de Mannheim à la mer du Nord atteint 380 kilomètres, et l'on ne saurait concevoir des raisons de prospérité pour le port rhénan qui fussent inopérantes pour le port rhodanien.

Son importance d'ailleurs apparaît bien autrement grande si l'on considère la réalisation du vaste projet qui, par l'amélioration de la navigation du Rhône, de la Saône et des canaux de la région du Nord, constituera une voie de communication de grand rendement réunissant la Méditerranée à la mer du Nord, Marseille à Dunkerque.

Nous nous bornons à rappeler cet ensemble de travaux d'une importance capitale pour la prospérité de l'industrie lorraine, et la nécessité, en particulier, d'achever rapidement le canal du Nord, et de construire le canal du Nord-Est qui permettra aux bassins de Briey de recevoir les charbons du Pas-de-Calais, du Nord et de la Belgique, en même temps que ses minerais, par Dunkerque, pourront s'exporter jusqu'en Angleterre. Que faut-il pour cela ? Que le prix du fret soit abaissé à ses limites extrêmes, c'est-à-dire que la voie navigable permette la circulation à des bateaux de 500 à 550 tonnes au moins.

D'autre part, il importe qu'on envisage dès aujourd'hui une grande voie de transit international traversant la France de l'Ouest à l'Est, portant directement les marchandises américaines, par la Loire et le Haut-Rhône, jusqu'en Suisse et de là dans les pays de l'Europe centrale.

La mise en état de la Loire est si peu avancée que c'est là sans doute une entreprise de longue haleine et, si les possibilités financières obligent à formuler un classement, on sera tenté de ranger cette entreprise en seconde urgence, malgré sa grande utilité.

Il en serait de même, pour les mêmes raisons, d'une transversale également désirable reliant Bordeaux à Lyon en passant par Montluçon et en desservant l'importante région d'usines métallurgiques du Centre.

Si nous nous résignons, pour ces deux entreprises, à attendre que nos ressources aient satisfait à des besoins plus pressants encore, il n'en est pas de même des travaux qui s'imposent sur le Rhône de la mer à Genève.

Attendrons-nous que les ingénieurs suisses aient soudé le Rhin au Danube, et que le courant soit établi du canal de Panama sur Anvers ou Rotterdam, pour emprunter la route rhénane ? Commençons donc sans hésitations stériles, à mettre le Haut-Rhône en état de navigabilité, avec l'appoint considérable qu'apportera à notre situation économique la réalisation des forces hydrauliques que ce projet entraîne avec lui et qui suffirait à gager les dépenses.

Nous avons réservé pour la fin de cette énumération les améliorations de la navigation sur la Seine. Les événements actuels en ont suffisamment démontré l'urgence, et il n'est pas à craindre qu'elles soient oubliées dans le programme à intervenir.

De Roüen à Paris, l'insuffisance du tirant d'eau et surtout du tirant d'air sous les ponts, aussi bien que les trop faibles dimensions des ouvrages, appellent un prompt remède.

Il est à souhaiter qu'un grand port soit créé aux portes et en aval de Paris, dans la presqu'île de Gennevilliers, par exemple. En amont, si l'établissement du port de Bonneuil a donné un commencement de satisfaction aux besoins du commerce, il y aura lieu d'accroître encore les moyens d'accostage et d'outillage.

Enfin, il ne faut pas oublier qu'il reste beaucoup à faire pour mettre la capitale à l'abri des inondations. Le creusement d'un canal de dérivation contournant Paris, de Conflans-Sainte-Honorine à la Marne, en dessous de Meaux, donnerait la solution du problème. Ce travail faciliterait singulièrement, d'ailleurs, le transport des marchandises vers l'Est, le jour où l'on se décidera à améliorer la Marne et à mettre au gabarit le canal de la Marne au Rhin.

Nous nous bornons à ces quelques indications rapides qui ne concernent que les grandes artères du réseau ; mais celui-ci n'aura toute son efficacité que si les artères affluentes sont mises en état de concourir à leur activité. Il faut pour cela que leurs ouvrages soient également mis au gabarit de 1879, et c'est évidemment une entreprise considérable.

M. Imbeaux, dans un mémoire remarquable, présenté à la 1re section du Congrès, énumère le nombre d'écluses insuffisantes qu'il y aurait à reconstruire, et ce nombre est bien fait pour effrayer nos habituelles timidités. Commençons tout au moins par aménager les rivières et canaux qui peuvent être le plus rapidement mis en état, et laissons aux initiatives privées libre cours pour aborder les autres questions.

II. — **Des voies et moyens d'exécution.**

Rien ne servirait d'élaborer un vaste programme si l'on ne faisait pas entrer dans les prévisions les moyens de le réaliser rapidement et d'en assurer le plein rendement.

Or, d'une part, les méthodes administratives actuelles se prêtent mal à cette rapidité d'exécution nécessaire et, d'autre part, en face d'une tâche aussi considérable, il est impossible de demander à l'État d'y suffire au moyen de ses seules ressources budgétaires, tandis que les grands emprunts qu'il pourra faire auront tant d'autres et de si pressants objets.

Il devient donc indispensable de recourir à d'autres méthodes et de faire appel, dans la plus large mesure, aux initiatives privées.

Sous quelles formes ? On peut envisager des combinaisons de bien des sortes ; en particulier celle qui a permis la création et le développement de notre réseau ferré a montré sa souplesse et la fertilité de ses ressources. Si elle n'est pas applicable sous sa forme intégrale aux voies navigables, on entrevoit les modalités qui l'adapteraient à ce nouvel objet, en s'inspirant également des principes posés par le problème de l'autonomie des ports.

On peut concevoir des groupements régionaux de collectivités intéressées : Municipalités, Chambres de commerce, Syndicats d'industries et de batellerie. Ces groupements, par leur compétence, aussi bien que par leurs intérêts eux-mêmes, sont tout désignés pour intervenir dans les conseils techniques du Gouvernement et pour réaliser les emprunts nécessaires.

La solution la plus logique est de leur concéder l'exécution des travaux avec une partie des charges qu'elle comporte, l'État n'intervenant que dans la mesure où l'intérêt national est engagé : mais, comme contre-partie et pour créer les ressources pouvant gager les emprunts, les mêmes organismes doivent exploiter et recueillir les bénéfices de l'exploitation, en participation avec l'État si celui-ci intervient dans la dépense. On conçoit également que le consortium doit pouvoir déléguer ses pouvoirs à une société fermière d'exploitation.

L'intervention des intéressés est un sûr garant qu'il ne sera pas fait de dépenses somptuaires ; on peut même estimer qu'on réalisera de la sorte un classement nécessaire de travaux suivant leur ordre d'urgence, les travaux improductifs se trouvant d'eux-mêmes arrêtés ou tout au moins relégués au second plan.

III. — Du régime d'exploitation.

Les considérations qui précèdent impliquent nécessairement de profondes modifications dans le régime auquel est soumis le réseau navigable qui doit être exploité commercialement et vivre de ses produits.

Ces modifications ne vont pas sans heurter des intérêts particuliers et sans toucher à des habitudes acquises.

Une exploitation rationnelle suppose :

1º Qu'on établira un contact intime entre les transports par fer et par eau ;

2º Qu'on réalisera une police réglementée de la circulation sur les voies navigables, de manière à leur faire donner leur rendement maximum :

3º Que les usagers interviendront dans les dépenses par le

paiement de droits de circulation proportionnés aux services rendus.

A. — **Rapports avec la voie ferrée**. — Jusqu'à présent la voie d'eau et la voie de fer se sont ignorées. Leurs domaines sont séparés par de multiples barrières : on peut même dire que la politique des grandes compagnies a toujours visé à tuer la batellerie, ou tout au moins à la réduire à la portion congrue.

Les points de contact des rivières et canaux avec les gares de chemin de fer n'existent à peu près nulle part ou, quand il se trouve une gare d'eau à proximité du rail, la soudure est précaire, mal assurée par des raccordements parcimonieusement accordés, mal pourvue de l'outillage indispensable.

Si l'on veut que la navigation, cessant d'être la concurrente de la voie ferrée, devienne son auxiliaire, il faut au contraire que les deux organismes se pénètrent, se complètent, qu'ils aient des points de contact multiples et possèdent, sur des emplacements bien choisis, des gares de transbordement bien outillées.

Il ne faut pas que les Compagnies de chemins de fer objectent que ces installations sont inutiles, parce que la batellerie ne leur apporte qu'une part insignifiante du trafic intéressant : comment en serait-il autrement dans l'état actuel des choses ? C'est le jour où la collaboration sera plus intime, l'ère de méfiance abolie, qu'il est permis d'escompter les bons effets de la mutuelle entente, pour le plus grand profit du chemin de fer lui-même en même temps que de l'intérêt général du commerce.

L'établissement du nouveau régime exige, il est vrai, que l'on rompe avec de vieux préjugés. Son organisation se heurte à bien des obstacles où l'État a le devoir d'intervenir dans son rôle naturel d'arbitre, en particulier lorsqu'il s'agira de réglementer les rapports qui devront s'établir entre les associés de fraîche date.

Il importe de supprimer, de modifier tout au moins, le système des tarifs spéciaux institués par les chemins de fer dans le seul but de concurrencer la voie navigable, de telle sorte que, sur certains parcours, les Compagnies exploitent sans bénéfice, à perte même, étant ainsi forcées de rétablir la balance par des tarifs relevés et exagérés partout où le rail n'est pas doublé d'une voie d'eau.

Le commerce général n'y gagne rien, puisqu'il pourrait emprunter une voie naturellement et non plus artificiellement économique. L'intérêt du chemin de fer lui-même serait au contraire d'abandonner à sa voisine toutes les marchandises dont le transport ne lui laisse aucun bénéfice et de faciliter le transbordement par tous les moyens en son pouvoir ; les tarifs communs sont parmi les plus efficaces.

Cette conception des tarifs communs est une de celles qui ont soulevé les plus vives objections, que l'on peut résumer ainsi.

Des tarifs communs supposent une collaboration constante et régulière. Or, la navigation est intermittente. Elle connaît des temps de chômage qui correspondent précisément aux époques où le trafic est le plus intense sur la voie de fer, c'est-à-dire aux seuls moments où celle-ci aurait intérêt à se décharger d'une partie de son trafic au profit de sa voisine.

Dans cette façon d'envisager les choses, il y a tout d'abord une pétition de principes. Il ne s'agit pas, en effet, d'établir une association des chemins de fer avec un organisme embryonnaire incapable de fournir la contre-partie des services qu'on lui concède, et tout est subordonné à cette condition qu'on mettra avant tout cet organisme en mesure de remplir sa tâche, en améliorant les conditions de son fonctionnement.

B. — Conditions du rendement maximum. — Il importe que les améliorations aient en vue la réduction des périodes de chômage, et en outre, il importe de réorganiser l'exploitation des rivières et canaux de manière à assurer un rendement intensif, seule compensation des énormes dépenses à prévoir.

Il y a lieu de réglementer l'usage des voies navigables de telle sorte que toute la batellerie puisse marcher à la vitesse accélérée, ce qui suppose l'application généralisée de la traction mécanique. Tant que l'on se bornera à faire de celle-ci des applications partielles et facultatives, la vitesse des bateaux qui y sont astreints sera ralentie par la rencontre des bateaux plus lents ; il y a longtemps qu'on a reconnu la nécessité de supprimer les pertes de temps du trématage.

On se heurte ici au particularisme de l'usager de la voie d'eau. Dans son esprit, une rivière ou un canal appartient à tout le monde ; chacun peut en user à sa guise et gratuitement, au même titre que d'une route de terre.

Nous ne voulons pas discuter la question de principe, mais on reconnaîtra que l'intérêt individuel doit s'effacer devant l'intérêt général. Il y a certaines règles qui s'imposent ; c'est ainsi que trop souvent les gares d'eau sont encombrées par des péniches qui servent là de magasins provisoires, et il y a le plus grand intérêt à réduire le plus possible cette immobilisation abusive d'un important matériel ; au besoin par l'établissement de taxes et de surestaries.

C. — Organe de liaison et de contrôle. — La réglementation, sans doute, ne saurait être la même sur toute l'étendue du réseau.

Il est nécessaire, en outre, d'intervenir entre tant d'intérêts divers, pour établir les rapports d'où peuvent sortir les coopérations utiles. C'est ainsi qu'il ne suffit pas de mettre en présence les Compagnies de chemins de fer et les exploitants de la voie d'eau, et de leur dire : entendez-vous sur le contrat qui doit vous unir. Ils ne s'entendraient jamais.

Il semble nécessaire de créer un *Office commercial des Transports et de la Navigation*, fédération d'offices régionaux qui réuniraient à leur tour des représentants des Chambres de commerce, des industries le plus directement intéressées, des compagnies de chemins de fer et des différents syndicats de navigation.

Il est permis de concevoir cet Office comme l'intermédiaire naturel entre la clientèle qui use des moyens de transport et les organismes transporteurs. Ce serait alors, en même temps, un organisme de réalisation, une agence générale, susceptible d'assurer les démarches souvent délicates qu'exigent les transports importants, la répartition et l'acheminement des marchandises.

****

Telles sont les grandes lignes d'une réorganisation qui est au premier rang parmi celles dont l'opinion publique se préoccupe à juste titre en ce moment.

Nous n'avons fait qu'effleurer un aussi vaste sujet et nous allons essayer d'en préciser quelques points particuliers dans la rédaction des vœux soumis au Congrès.

IV. — Navigation intérieure.

Vœux communs aux rapports de M. le colonel Espitallier et de M. le Dʳ Imbeaux.

A. — Vœux généraux.

I. — Considérant que, pour produire tous ses effets, un réseau de voies navigables homogène doit comprendre :

1º Des *artères maîtresses constituant un réseau de grande navigation*, susceptibles d'assurer d'une manière ininterrompue la communication des grands ports entre eux d'une mer à l'autre, ainsi que des grandes régions industrielles entre elles, pour une batellerie de fort tonnage, c'est-à-dire de plus de 500 tonnes ;

2º Un *réseau d'ordre secondaire mais continu*, permettant partout la circulation des bateaux de 300 tonnes ;

Considérant qu'en outre le réseau de grande navigation doit assurer l'accès en Suisse et au Rhin pour le trafic international, et, en particulier, la desserte (arrivée du charbon et expédition du minerai) du groupe métallurgique lorrain,

Le Congrès émet le vœu :

a) Qu'avec la collaboration des collectivités et groupements industriels intéressés, un programme d'ensemble soit élaboré à bref délai pour la réorganisation du réseau intérieur de voies navigables ;

b) Que l'effort principal et immédiat **porte sur les artères maî**tresses de grande navîgation permettant la communication ininterrompue entre les grands ports d'une mer à l'autre et, en particulier, la jonction de la Lorraine avec le Rhin et la Meuse, ainsi que celle de Marseille à Genève par le Haut-Rhône, au gabarit nécessaire aux bateaux de 550 à 600 tonnes ;

c) Que l'on envisage la réorganisation d'urgence des artères les - plus essentielles du réseau de navigation intérieure et des voies affluentes aux artères principales, en assurant partout la circulation des péniches de 300 tonnes.

II. — Considérant qu'une collaboration intime s'impose dans l'intérêt général du commerce, entre les différents modes de transport,

Le Congrès émet le vœu :

a) Que de nombreuses gares de transbordement soient établies sur les emplacements les plus favorables ; qu'elles soient munies de puissants moyens de raccordement aux voies ferrées et d'un outillage perfectionné ;

b) Que le régime d'une collaboration efficace des chemins de fer et des services de navigation soit organisé immédiatement, les rapports des deux organismes étant régis par un *Office commercial des transports et de la navigation ;*

c) Que le système des tarifs spéciaux de la voie ferrée soit modifié et qu'il soit institué un système de tarifs communs.

III. — Considérant que, surtout dans les circonstances actuelles, l'État est impuissant pour réaliser un vaste programme de **travaux,** à court délai, avec ses seules ressources budgétaires ou **par la voie** d'emprunts extraordinaires ; qu'il importe de recourir à des voies et moyens dont le régime des chemins de fer indique **une des** modalités,

Le Congrès émet le vœu :

a) Qu'il soit fait appel, dans la plus large mesure, aux **initiatives** privées pour l'élaboration des projets et l'exécution, sous le régime de la concession, à des consortiums comprenant tous les groupements intéressés, avec faculté de délégation à des sociétés fermières d'exploitation ;

b) Que l'unification du système de traction et la généralisation de la traction mécanique soient réalisées et rendues efficaces pour le plein rendement par une réglementation organique spéciale ;

c) Que le Gouvernement, se rendant compte des services qu'a rendus et que rendra au pays la navigation fluviale, encourage la construction du matériel de batellerie par l'industrie privée et favorise son développement par des mesures législatives ou administratives libérales ; que les transports fluviaux ne soient pas frappés de taxes prohibitives ou relativement plus élevées que sur la voie ferrée.

B. — Vœux particuliers.

I, — Amélioration de la Seine.

Considérant que le développement du port de Paris nécessite une réorganisation complète, aussi bien de ses installations et de son outillage que de ses débouchés jusqu'aux ports de Rouen et du Havre ; que l'amélioration de toute cette partie de la Seine est d'ailleurs indispensable pour mettre Paris à l'abri des inondations ; qu'il importe, d'autre part, que le bassin de la Seine communique efficacement avec le bassin du Rhône,

Le Congrès émet le vœu :

a) Que les travaux déjà prévus dans l'estuaire de la Seine soient entrepris le plus tôt possible ;

b) Que la voie fluviale soit améliorée entre Rouen et l'aval de Paris, de manière à assurer la circulation des bateaux de 1.500 tonnes ; que cette amélioration comporte notamment : l'augmentation et surtout la régularisation du mouillage, la réfection des ouvrages où doit être organisée la manœuvre mécanique, et le relèvement des ponts dont le tirant d'air est insuffisant ;

c) Qu'il soit construit dans la presqu'île de Gennevilliers ou sur tout autre point à la sortie de Paris, un port de transit pourvu d'un outillage perfectionné et puissamment raccordé aux voies ferrées ;

d) Qu'un canal de raccordement à grande section déjà prévu, contournant Paris au Nord, pour dégager la capitale des crues d'inondation, permette à la grande navigation d'éviter la traversée de la capitale ;

e) Que les travaux également prévus dans la traversée de Paris ne soient pas différés davantage et que les ports intérieurs soient améliorés ;

f) Que des installations soient organisées en amont de Paris, complétant le port de Bonneuil, et que, la Haute-Seine étant mise en état de navigabilité jusqu'à Laroche, le canal de Bourgogne soit mis au gabarit de 550 tonnes jusqu'à la Saône.

II. — Voies du Nord-Est.

Jonction du bassin métallurgique lorrain aux bassins houillers et à la mer.

Considérant que, pour la prospérité et l'existence même de l'industrie métallurgique française, il sera absolument indispensable de donner au bassin métallurgique lorrain les plus larges débouchés, en vue notamment de l'exportation de ses minerais, fontes et aciers, vers l'Angleterre, et l'approvisionnement en charbons ;

Considérant qu'il importe avant tout de favoriser le trafic par des ports français (Le Havre, Dunkerque, notamment), mais qu'en raison même du tonnage considérable de la production destinée à atteindre rapidement 50 millions de tonnes, il est nécessaire d'assurer les communications tant avec les bassins houillers du Pas-de-Calais et de la Campine que de la Westphalie ;

Considérant que toutes les artères à envisager doivent être prévues pour la circulation de bateaux d'un tonnage supérieur à 500 tonnes,

Le Congrès émet le vœu :

a) Que les améliorations nécessaires soient réalisées pour relier le bassin lorrain à la Seine et lui ouvrir les débouchés sur les ports de la Manche, en assurant la circulation de bateaux de fort tonnage ;

b) Que le canal dit du Nord-Est soit construit entre Dunkerque et Longuyon, avec les artères affluentes nécessaires à la desserte de tout le bassin, en même temps que seront rendues praticables aux bateaux de 550 tonnes : la Meuse, à partir de Remilly, et la Basse-Meurthe, à partir de Dombasle ;

c) Qu'on se préoccupe, dans les stipulations du futur traité de paix, d'obtenir la création, dans un délai assez rapproché, de voies de grande navigation capables d'assurer vers les pays voisins (Westphalie, Campine, etc.) les débouchés du bassin lorrain, savoir :

Canalisation de la Moselle et de la Sarre ;

Création du canal de jonction Neuss-Nederwert ;

Mise en état de la Meuse tant en France qu'en Belgique, et des canaux de Liège à Anvers ;

d) Qu'on remette en vigueur le régime des communications fluviales résultant des conventions de 1868 et que ce régime soit étendu, avec les amendements nécessaires, aux voies nouvelles qui seraient créées en conformité du paragraphe précédent.

III. — Amélioration du Rhône.

Considérant que le Rhône offre l'un des plus puissants moyens de transport entre la Méditerranée et la mer du Nord ; qu'il présente en outre le plus grand intérêt au point de vue du trafic avec les pays de l'Europe centrale par la Suisse ; que la navigation, bien que possible en l'état actuel entre Lyon et la mer, y rencontre pourtant des difficultés encore grandes, provenant notamment de la rapidité du courant dans toute une section ; que, dans cette même région, il est nécessaire d'envisager une solution servant à la fois les intérêts de la navigation et ceux de l'agriculture pour laquelle des irrigations sont nécessaires, en même temps que l'aménagement de forces hydrauliques qui permettra de réaliser une combinaison économique ;

Considérant qu'une combinaison de même nature permet de rendre navigable le Haut-Rhône jusqu'au lac Léman, et d'y organiser des chutes d'eau d'une valeur incomparable ; que cette solution a été depuis longtemps étudiée et ne présente pas de difficultés techniques insurmontables ;

Considérant enfin que Lyon est le point où convergent tous les courants commerciaux qui se sont établis le long de nos grands fleuves, qu'il importe d'y créer un port de triage et de transit pour lequel il y a lieu de prévoir un grand et rapide développement,

Le Congrès émet le vœu :

a) Que l'aménagement du Rhône soit poursuivi entre Lyon et Arles, notamment par la construction d'un canal latéral dans la région des rapides, entre Isère et Ardèche, ou par tout autre dispositif permettant la création de forces hydrauliques et l'irrigation des berges riveraines ; et que les rivières affluentes soient mises en état de navigabilité, de manière à doter de moyens de transport des régions actuellement déshéritées sous ce rapport ;

b) Que le Haut-Rhône soit organisé aussi rapidement que possible afin d'assurer la navigation jusqu'au Léman, tout en réalisant la création de forces motrices considérables ;

c) Que la communication avec la mer du Nord soit assurée, et, pour cela, qu'on fasse disparaître le défilé de la « Petite-Saône » entre Verdun-sur-Saône et Gray ;

d) Qu'un grand port soit créé à Lyon, en prenant pour base les études émanées de l'Office des Transports du Sud-Est ; que ce port, largement raccordé au chemin de fer, soit doté d'un outillage multiple et de grande puissance ;

e) Que le canal de la Saône au Rhin (dit du Rhône au Rhin) soit aménagé au plus tôt pour les péniches de 300 tonnes au moins, ce canal devant faire suite au canal de Bourgogne, dûment mis en état.

IV. — LA LOIRE NAVIGABLE.

Considérant que l'ouverture du canal de Panama fait de Saint-Nazaire le port le plus favorable et le plus rapproché pour les transports d'Amérique en Europe ; qu'il importe de faciliter le transit à travers le territoire, et par le plus court chemin, des marchandises destinées aux pays de l'Europe centrale ;

Considérant d'ailleurs que, en dehors même des considérations de transit international, un grand port n'atteint son plein rendement que s'il est mis largement en relation avec l'intérieur du pays ; que la vallée essentiellement agricole de la Loire est susceptible de donner à une voie fluviale un trafic considérable, sans escompter les industries qui s'y peuvent créer ; que cette voie navigable est en outre appelée à desservir la région métallurgique de la Haute-Loire, par des raccordements ultérieurs,

Le Congrès émet le vœu :

a) Que les Pouvoirs publics se préoccupent de l'aménagement de la Loire de Nantes à Briare ; que les travaux entrepris aussitôt que les circonstances le permettront ne soient pas échelonnés par étapes successives, comme il a été envisagé, mais qu'ils soient entrepris d'ensemble sur tout le parcours, leur effet ne pouvant être efficace que lorsqu'ils auront abouti à fournir une voie complète et continue ;

b) Que le canal latéral à la Loire soit prolongé de Roanne à Saint-Étienne ; que le canal du Berry reçoive les aménagements qui le mettront au gabarit de 1879 ; que soit exécuté enfin le canal de Moulins à Sancoins qui en est une annexe nécessaire et constitue une source importante d'alimentation pour son trafic.

V. — RÉSEAU DU SUD-OUEST.

Considérant que Bordeaux n'est pas desservi comme il conviendrait par voies navigables ; que la voie Océan-Méditerranée (canal latéral à la Garonne et canal du Midi) est insuffisante ou précaire ; qu'il y a urgence à réaliser sa mise en état par application des lois de 1879 et 1903 ;

Considérant, d'autre part, qu'il y a le plus grand intérêt économique à mettre Lyon en communication directe avec l'Atlantique et que Bordeaux est le port le mieux indiqué pour le débouché de cette voie nouvelle ; que celle-ci d'ailleurs aurait l'avantage de desservir les usines métallurgiques du Centre,

Le Congrès émet le vœu :

a) Que les Pouvoirs publics prennent d'urgence les dispositions qui s'imposent pour l'achèvement des canaux du Midi et du canal latéral à la Garonne, notamment par redressement des courbes, relèvement du tirant d'air des ponts, allongement des écluses ; qu'on mette au même profil les canaux affluents et notamment le canal de la Robine ;

b) Qu'un canal à grande section soit étudié, mettant en communication Lyon et Bordeaux, par Montluçon.

RAPPORT

de M. le Docteur Ed. IMBEAUX

L'INTÉRÊT DE LA CRÉATION D'UN RÉSEAU DE GRANDE NAVIGATION INTÉRIEURE EN FRANCE : PRINCIPALES CONDITIONS DE L'ÉTABLISSEMENT ET DE L'EXPLOITATION DE CE RÉSEAU

Les masses pondéreuses que la navigation intérieure a pour rôle de transporter dans un pays ont à aller :

1º Soit des ports de mer (denrées en provenance ou à destination d'outre-mer) vers l'intérieur et vice versa ;

2º Soit d'une région minière ou industrielle à une autre (exemple des relations entre les bassins métallurgiques producteurs de minerai de fer et consommateurs de charbon et les bassins houillers).

La recherche du mode de transport le plus avantageux pour ces masses est un problème qui n'a pas de solution générale : dans chaque cas particulier la solution dépend en effet :

a) Des facilités que la nature offre à l'aménagement ou à la création d'une voie d'eau entre les points à desservir (par exemple de la présence d'une grande rivière ou d'une région à faible déclivité) ;

b) De l'importance des masses à transporter (il ne peut être question ici que de trafics atteignant annuellement plusieurs millions de tonnes) ;

c) De la situation préexistante (c'est-à-dire des dépenses déjà faites vers une solution déterminée, de celles restant à faire pour la compléter ou la transformer, etc., etc.).

En France, notamment, la question n'est plus entière puisqu'un important — quoique encore incomplet (1) — réseau de navigation intérieure a été établi en vertu des lois du 5 août 1879 et 22 décembre 1903, en vue de la circulation des bateaux de 280 à 300 tonnes de chargement (péniche flamande). Ce réseau est défini au Guide officiel de la navigation intérieure, et on sait qu'il allait être augmenté du « canal du Nord », en construction à la déclaration de guerre ; il ne peut d'ailleurs être isolé de ses prolongements dans les Pays-Bas, les pays Rhénans et l'Alsace-Lorraine. Or, on doit se demander si pour les transports à prévoir dans l'avenir, ce réseau est suffisant ou s'il n'y a pas lieu de le suppléer pour certains gros transports et certains trajets par des voies de *grande navigation*, c'est-à-dire, pour fixer les idées, des voies admettant des bateaux de 500 tonnes ou davantage et présentant par suite une capacité de trafic plus forte en même temps que des frets plus réduits : ce réseau viendrait ainsi se placer entre les ports de mer, ou s'il y a lieu leurs succédanés portés plus avant dans les terres aux terminus des estuaires fluviaux et des canaux maritimes (2), et le réseau des bateaux de 300 tonnes (que j'appellerai *réseau ordinaire*).

Le but du présent rapport est de répondre à cette question et d'esquisser ce que pourrait être ce futur réseau de grande navigation en France et dans les pays limitrophes.

Situation actuelle et projets déjà envisagés. — En réalité, le réseau de grande navigation existe déjà, suivant des conditions assez différentes, il est vrai, dans nombre de pays, et on songe un peu partout à le développer et à l'uniformiser.

---

(1) Je ne parlerai pas ici des travaux qui restent à faire pour compléter ce réseau (mise au gabarit de 1879 des canaux du Berry, du Midi et du Rhône à Cette, Loire navigable, jonction de l'Orne à la Loire, soit à Angers, soit à Orléans, canal de la Loire au Rhône), l'intérêt respectif de ces voies a été discuté au 4e Congrès national des Travaux publics français (1912), et s'il peut suffire pour justifier des extensions du *réseau ordinaire*, il ne paraît pas pouvoir motiver l'entrée d'aucune de ces voies dans un *réseau de grande navigation*.

(2) Les canaux maritimes et les parties des fleuves que fréquentent les bateaux de mer forment à la vérité un autre réseau dont on peut se demander si le développement doit être poursuivi plus ou moins vers l'intérieur des terres ; là question de « Paris port de mer » rentrerait dans celle ci-dessus. Il ne m'appartient pas de la traiter, je dirai seulement que la tendance des navires de mer d'avoir un tonnage de plus en plus fort et un tirant d'eau toujours croissant rend de plus en plus onéreuse et difficile la création des voies maritimes capables de les admettre. D'autre part, si on créait des canaux n'admettant que les petits caboteurs ou chalands marins de quelques milliers de tonnes, ne risquerait-on pas de perdre sur les frets de mer ce qu'on espère gagner sur les frets fluviaux ? Cette raison fait penser que le réseau maritime intérieur restera désormais très rudimentaire, et qu'en France notamment on peut regarder Rouen, Nantes et Bordeaux comme ses terminus.

La France, qui est moins bien dotée que d'autres nations — l'Allemagne notamment — en large fleuves pénétrant loin dans l'intérieur, a tout au moins la *Seine de Rouen à Paris*; sur ce tronçon de 243 kilomètres, le fleuve à un mouillage normal de 3 m. 20, qu'il a été question de porter à 4 m. 50 (1) et reçoit, outre les péniches remorquées, des chalands de 500 à 650 tonnes, quelques grands chalands de 1.000 à 1.100, des caboteurs à vapeur d'un tonnage à peu près égal et dont quelques-uns font un service régulier entre Londres et Paris. Le fret, qui logiquement devrait diminuer pour les forts tonnages empruntant les plus grands bateaux, était fait en juillet 1914 le même quel que fut le bateau employé et oscillait autour de 2,50 la tonne de charbon de Rouen à Paris, soit en chiffre rond 10 millimes la tonne kilométrique (2); mais on ne peut nier que ce soit à l'emploi de bateaux de plus en plus grande capacité que soit dû un prix déjà aussi réduit. Si nous ajoutons que la Seine à l'amont de Paris peut porter des chalands de 500 à 600 tonnes jusqu'à Montereau avec l'Yonne à sa suite jusqu'à Laroche, que l'Oise canalisée de Janville à la Seine (104 kilomètres) porte des chalands de 430 à 500 tonnes et que, sans doute, la dérivation de la Marne projetée entre Annet et Epinay serait faite pour bateaux de 600 tonnes, nous aurons tout dit sur le réseau actuel de navigation en France.

Mais hâtons-nous de dire que c'est au type de 600 tonnes qu'on s'était arrêté pour deux voies très importantes envisagées pour l'avenir, le *canal de Marseille au Rhône* et le *Rhône* en entier d'Arles à Genève d'une part, le *canal du Nord-Est* d'autre part.

Le *canal de Marseille au Rhône* est présentement en voie d'achèvement (le grand tunnel du Rove est percé); il recevra des bateaux de 600 tonnes environ (60 mètres de longueur environ, 8 mètres de largeur et 1 m. 75 de tirant d'eau); mais rien n'est encore décidé pour l'aménagement du Rhône d'Arles à Lyon (section sur laquelle la Compagnie H. P. L. M. et la Compagnie Lyonnaise de Navigation et remorquage ont déjà quelques bateaux de 600 tonnes ou plus), ni pour celui du Haut-Rhône de Lyon à Genève (avec la fameuse question du barrage de Génissiat). Le concours ouvert par les Chambres de commerce du Sud-Est, en 1911, n'a pas donné de résultats concluants, pas plus que l'examen de la question au Congrès des Travaux publics de 1912. (Voir rapport de M. Stiers et

---

(1) Rapport de M. Lavaud au Congrès des Travaux publics en 1912 ; cette conclusion a été combattue par les partisans de Paris port de mer qui demandent un tirant d'eau de 7 mètres (suffirait-il pour les navires de mer?) et par des techniciens qui pensent qu'avec le mouillage actuel on peut faire passer des bateaux d'assez grand tonnage pour être économiques. En effet, le Rhin inférieur suffit à un trafic énorme avec des frets très bas par un tirant d'eau de 3 mètres.

(2) Le fret est variable suivant les conditions momentanées : entre 15 et 10 millimes à la remonte par tonne kilométrique, entre 13 et 8 millimes à la descente.

discussion.) Dans tous les cas, il s'agit de pouvoir amener dans l'avenir les bateaux de 600 tonnes à Genève et au Léman (1), et en vue de cette éventualité, la [Suisse se préoccupe déjà d'ouvrir un canal de grande navigation *du Rhône au Rhin* (2); partant du Léman près Morges, il gagnerait Yverdon, en suivant l'ancien canal d'Entreroches, puis profitant des lacs de Neuchâtel et de Bienne, il suivrait ensuite l'Aar jusqu'au confluent à Coblenz dans la partie du Rhin (de Bâle à Constance) dont la mise en état de navigabilité fait l'objet d'un concours interrompu par la guerre. Ainsi, lorsque le Rhin sera mis entièrement en état à l'amont de Germersheim (ce qui était prévu entre Germersheim et Bâle, par la loi allemande du 24 décembre 1911) serait entièrement constituée la voie de grande navigation de 1.725 kilomètres de long reliant, par les grands fleuves et la jonction suisse, Marseille à Rotterdam et la Méditerranée à la mer du Nord.

Le *canal du Nord-Est*, qui avait d'abord été étudié (déclaré même d'utilité publique en 1881 et 1882) à section ordinaire, devait être, à la suite des vœux du Congrès de 1912, établi pour bateaux de 600 tonnes, ou peut-être, suivant la proposition de M. G. Renaud, pour bateaux de 550 tonnes (de 52 m. 80 de long, 6 m. 60 de large, 1 m. 75 de tirant d'eau et 0,90 de coefficient de déplacement), ces bateaux s'adaptant bien aux canaux belges et hollandais dont il sera parlé plus loin.

On sait que le canal du Nord-Est avait pour but d'amener aux usines du Nord et d'Angleterre les minerais de fer des bassins lorrains Briey, Longwy, Nancy (3), et inversement d'amener de ces bassins les cokes et fines à coke nécessaires à l'exploitation des hauts fourneaux et aciéries de l'Est ; bien que les charbons du Nord et du Pas-de-Calais fussent en quantité très insuffisante pour les besoins des métallurgistes lorrains et que ceux-ci déclaraient indispensable de recourir au charbon de la Westphalie, le canal rojeté était assuré d'un important trafic. Son tracé partait de

---

(1) On pense que le fret moyen de la remonte et de la descente sur le Rhône aménagé ne dépasserait pas 10 millimes la tonne kilométrique, péage compris, tandis qu'aujourd'hui, en raison des difficultés du fleuve, il est d'au moins 23 millimes.

(2) L'Association Suisse pour la navigation du Rhône au Rhin comptait en 1914, que le fret, péage et tout compris, serait de 11 millimes par tonne kilométrique de Genève à Coblenz et de 9,5 de Coblenz à Genève.

(3) En 1912, ces trois bassins de la Lorraine française ont produit 17.235.000 tonnes de minerai, dont 11.000.000 ont été consommés par les hauts fourneaux et aciéries de la région et le reste transporté (2.500.000 tonnes vendues à l'Allemagne et au Luxembourg). La même année, la Lorraine annexée à l'Allemagne avait produit 19.000.000 de tonnes dont une partie importante est allée en Westphalie.

Pierrepont, près Longuyon (1), ou faisait suite au canal de la Chiers et du Grand-Duché, venant de Longwy, suivait la Chiers jusqu'à la Meuse à Rémilly, empruntait la Meuse sur 32 kilomètres (ce qui pouvait être une faute car on était alors à la merci des crues du fleuve), allait de la Meuse au canal de la Sambre à l'Oise dont il empruntait le bief de partage sur 12 kilomètres, enfin de ce canal à l'Escaut où il aboutissait à Denain (258 kilomètres de Pierrepont). Là, il se jonctionnait aux canaux du Nord qu'il fallait transformer pour bateaux de 600 tonnes jusqu'à Isbergues, suivant le projet, mais plutôt jusqu'à Dunkerque, si l'on voulait gagner l'Angleterre par un port français.

Situation et projets dans les Pays-Bas. — Comme je l'ai déjà dit, la France ne pouvant pas se désintéresser de ses voisins de l'Est, nous devons jeter un coup d'œil sur la situation dans les *Pays-Bas*. Or, sans parler des canaux maritimes (2), il existe un intéressant réseau de grande navigation comprenant :

1º *Le canal d'Ostende à Bruges et à Gand*, qui était en transformation pour offrir 3 m. 20 de tirant d'eau avec 18 mètres de largeur minima au plafond et admettre ainsi les bateaux rhénans de 100 mètres, 12 mètres, 2 m. 50.

2º *L'Escaut de Gand à Anvers* qui admet ces grands bateaux.

3º et 4º *Le canal de jonction de la Meuse à l'Escaut*, dit aussi canal de la Campine. Les canaux de *Liège à Maëstricht* et de *Maëstricht à Bois-le-Duc et à Rotterdam* qui, ainsi que les deux embranchements de Turnhout et de Hasselt, ont des écluses de 50 mètres sur 7 mètres et admettent des bateaux de 1 m. 90 de tirant d'eau et d'un chargement de 450 tonnes, il suffirait d'allonger les écluses de 2 mètres pour le passage des bateaux de 350 tonnes prévus par M. Renaud, pour le canal du Nord-Est. Notons que, dès 1912, le Gouvernement belge avait projeté de transformer ces canaux entre Liège et Anvers pour porter la largeur au fond à 22 mètres et le tirant d'eau à 3 [mètres, et pour établir de nouvelles écluses de 125 mètres sur 14 mètres (3).

---

(1) Diverses installations, câbles transporteurs, voies ferrées, etc., auraient relié les mines et usines du bassin de Briey au grand bassin de Pierrepont ; mais déjà on parlait d'un embranchement de canal allant de Longuyon à Confians et d'un autre allant de là à la Moselle, soit par l'Orne, soit par la vallée du Rupt de Mad.

(2) En Belgique, Escaut à l'aval d'Anvers, canal de Bruxelles au Rupel et à Anvers, canal de Gand à Terneuzen, canal de Bruges à Zeebrugge, qui ont au moins 6 m. 50 de profondeur.

En Hollande, canal du Nord (6 mètres) et canal de la mer du Nord (7 à 8 mètres).

(3) Ce programme devait être réalisé en deux étapes, la première consistant à élargir le plafond de 15 mètres à 17 mètres pour admettre les bateaux de 600 tonnes.

5° *La Meuse* qui, de Liège à Maizeret, a des écluses de 56 m. 75 sur 9 mètres et de Maizeret à Givet de 100 mètres sur 12, suffirait par conséquent aux bateaux de 500 tonnes (et même dans la deuxième partie à ceux de 600 tonnes) ; malheureusement en France, de Givet à Rémilly (111 kilomètres et 22 écluses), elle n'admet que les péniches de 38 m. 50. A l'aval de Liège (ou plutôt de Visé) la Meuse n'est pas navigable, mais une commission d'Ingénieurs belges et hollandais avait étudié de 1904 à 1912 sa mise en état de navigabilité de Visé à Bexmeer (153 kilomètres) pour bateaux de 2.000 tonnes, le projet était évalué à 78.750.000 francs.

Comme autres projets, le Gouvernement belge avait étudié la transformation, pour bateaux de 600 tonnes, de la Sambre, entre Namur et Charleroi. Il avait commencé aussi la mise au gabarit de la péniche flamande du canal de Charleroi à Bruxelles ; mais il prévoyait déjà la transformation entre Bruxelles maritime et Clabecq, pour l'admission des bateaux de 600 tonnes, avec 8 mètres de largeur. Enfin on avait étudié le prolongement jusqu'à Liège ou Visé de l'embranchement de Haselt.

Situation et projets dans les pays rhénans. — Enfin, nous ne pouvons oublier qu'il existe à l'Est de notre région un grand fleuve qui est une artère capitale de grande navigation européenne, *le Rhin* ; et nous devons encore dire un mot de la navigation actuelle et future dans *les pays rhénans*, parce qu'elle peut retentir sur la question des transports en France.

Le Rhin, avec son tirant d'eau d'au moins 3 mètres jusqu'à Cologne, et d'au moins de 2 mètres jusqu'à Germersheim, admet des bateaux de divers tonnages : 400 à 400 tonnes pour l'Aak et le Kast hollandais 700 tonnes, 1.500 tonnes, 1.700 tonnes et 3.500 tonnes, les deux derniers avec 2 m. 60 de tirant d'eau ne dépassant guère Cologne. On s'est mis d'accord pour que le type de 75 mètres de long, 11 mètres de large et 2 mètres d'enfoncement puisse aller partout, et c'est en vue de ce type que le fleuve doit être amélioré par les Allemands entre Germersheim et Bâle (loi du 24 décembre 1911) et de Bâle à Constance (concours international ouvert en 1913). Après l'exécution de ces travaux la Suisse deviendrait tributaire du Rhin et de la mer du Nord, si le projet d'aménagement du Rhône ne venait contrebalancer cet effet.

Le fret sur le Rhin variait suivant la hauteur des eaux, le sens et la longueur des trajets (il n'y avait pas de péage), je relève pour les années 1911 et 1912, les dernières recensées par Oskar Gérald (1), les chiffres ci-après :

1° Pour minerais par 2.000 kilogrammes (grands et moyens bateaux), de Rotterdam aux ports de la Ruhr (remonte), moyenne

_____
(1) *Zeischrift für Binnenschiffahrt* du 1er août 1913.

des douze mois de l'année 1911 : 1 fr. 96, moyenne des douze mois de l'année 1912 : 1 fr. 52, moyenne des deux années : 1 fr. 74, soit 0 fr. 87 par tonne pour 214 kilomètres ou encore 0 fr. 0044 par tonne kilométrique ;

2° Pour charbons par 2.000 kilomètres (grands et moyens bateaux) des ports de la Ruhr à Rotterdam (descente).

Moyenne des 12 mois de l'année 1911	1 fr. 912	Moyenne 0 fr. 946 par tonne, soit 0 fr. 0044 par tonne kilométrique.
— — — 1912	1 fr. 875	
Moyenne.	1 fr. 893	

3° Pour charbons, par tonne, des ports de la Ruhr à Coblence (remonte) :

Moyenne des 12 mois de l'année 1911	1 fr. 069	Moyenne 1 fr. 00 pour 190 kilogr. soit 5 1/4 millimes par tonne kilométrique.
— · — — 1912	0 fr. 931	

4° Pour charbons, par tonne, des ports de la Ruhr à Manheim (remonte) :

Moyenne des 12 mois de l'année 1911	1 fr. 896	Moyenne 1 fr. 56 pour 352 kilogr. soit 0 fr. 443 par tonne kilométrique.
— — — 1912	1 fr. 225	

Mais l'artère principale n'est pas seule à nous intéresser. Sur sa rive droite, outre le Mein qui est aménagé pour grands bateaux jusqu'à Aschoffenbourg (90 kilomètres), il faut signaler le canal du Rhin à l'Ems qui est à grande section de Ruhrort à Dordmund et dessert la Westphalie (pour un fret qui ne dépasse pas 0 fr. 0075 la tonne-kilométrique). Sur la rive gauche un grand projet doit retenir toute notre attention : c'est celui de la canalisation de la Moselle et de la Sarre, avec les deux prolongements vers l'Ouest, appelés canal du Grand-Duché (1) et le canal de l'Orne, et un prolongement vers le Sud jusque Nancy-Dombasle (ce sont précisément ces voies qui mettraient les bassins ferrifères et salicoles de la Lorraine en relation avec la Lorraine et la mer). Le projet allemand, dressé en 1903 pour la Moselle à l'aval de Metz (301 kilomètres pour 93.875.000 francs) et pour la Sarre à l'aval d'Ensdorff (101 km. 6 pour 33.750.000 francs), était fait pour bateaux de 600 tonnes : il prévoyait des prix de transport de 0 fr. 0041 à la descente et 9 millimes à la remonte, auxquels on ajouterait un péage de 1 mk. 4 pour les minerais, 1 mk. 9 pour les charbons, 5 mk. 5 pour la fonte et 6 mk. 9 pour les autres denrées.

Plus au Nord, les Ingénieurs Hontrich (1895) et Schneiders (1911) avaient étudié un canal de jonction du Rhin à la Meuse, allant de Bonn à Maëstricht par Düron et Aix-la-Chapelle et desservant une

---

(1) Le projet de ce canal, dressé en 1908 par MM. Rigaux et Hégly, se monte à 44.600.000 francs pour 51 kilomètres.

région industrielle ; mais avec une différence de niveau de plus de 100 mètres, ce canal serait très coûteux (au moins 100.000.000 de fr.) Valentin en a proposé un autre qui, partant de Neuss, passant à München-Gladbach et aboutissant à Hasselt, n'aurait que 30 mètres à racheter. Mais le projet le plus intéressant pour nous serait la jonction de Neuss ou d'Uerdingen à la Meuse à Venloo (47 ou 36 kilomètres) et de là à Nederweert (32 kilomètres) sur le canal de Maëstricht à Bois-le-Duc, et, par conséquent, dans la direction d'Anvers ; ce canal qui serait en pays plat n'aurait pas plus de 4 à 5 écluses (il franchirait la Meuse par un pont-canal près Venloo), serait peu coûteux et permettrait aux minerais lorrains d'aller à Anvers (au lieu de Rotterdam), et aux charbons de la Campine de gagner la Lorraine (1).

Consistance du réseau à envisager. — L'exposé qui précède montre que le réseau de grande navigation à envisager doit se limiter, au moins pour le moment (on ne peut vraiment, en effet, songer à réunir présentement par voies de 600 tonnes, ni la Lorraine à la

---

(1) L'Allemagne possède déjà et veut acheter un réseau important de grande navigation intérieure, dont le Rhin avec son colossal trafic est le premier élément ; mais les six autres grands fleuves, Elbe, Oder, Vistule, Weser, Mémel et Danube y entrent aussi pour tout ou partie de leur cours, ainsi que les grands canaux du Rhin à l'Ems et de l'Ems au Weser (qui va jusqu'à Hanovre et doit être prolongé jusqu'à l'Elbe, sous le nom de Mittelland-canal), de l'Elbe à la Spree (Plauer-canal et Teltow-canal), de la Spree à l'Oder, de Berlin à Stettin (Finow-canal), de l'Oder à la Vistule. Tous ces canaux ont une section de 60 à 68 mètres carrés et un tirant d'eau de 2 m. 50 à 3 mètres. Celui du Rhin à l'Ems a 92 m² 60 de section et 3 m. 50 de profondeur) et admettent, au moins à l'Ouest de Berlin, des bateaux de 600 tonnes. La traction se fait généralement par remorqueur (sur le Teltow-canal par halage électrique) et le fret varie de 7 à 10 millimes. En Allemagne un quart au moins des transports se font par eau contre trois quarts par chemin de fer.

L'Autriche et l'Italie ont adopté aussi le bateau de 600 tonnes pour leurs voies de navigation dans l'avenir : on étudie aussi en Italie une grande voie de Milan à Venise et une autre pour relier Turin au port de Savone.

La Russie a un système de navigation représenté principalement par l'immense Volga, où le fret descend à 3 millimes par tonne-kilométrique, et par le Système Marie qui relie ce fleuve à Pétrograd ; en raison d'un profil assez difficile, le fret sur la voie Marie est de 10 à 11 millimes. Le même prix s'applique aux transports sur la Düna.

Enfin, les Etats-Unis cherchent à développer leur réseau de grande navigation en vue d'obtenir des prix de transport très réduits. Ainsi l'Etat de New-York n'a pas hésité à dépenser 125.000.000 de dollars pour le Barge-canal system, entre le lac Erié et le fleuve Hudson ; avec des bateaux de 2.000 tonnes, le fret doit y descendre à moins de 4 millimes par tonne-kilométrique. (La largeur au plafond de ces canaux est de 22 m. 86 et le mouillage de 3 m. 66, soit une section de 110 m². 37). On projette un canal encore plus grand (40 mètres au plafond et 4 mètres de mouillage, soit une section de 188 mètres carrés) entre le lac Erié et l'Ohio, où le fret serait moins de 6 millimes. D'autres canaux plus grands (400 mètres carrés de section) sont encore envisagés, ainsi qu'au Canada, mais ils rentrent dans la classe des canaux maritimes. Quant aux grands fleuves, tels que le Saint-Laurent et le Mississipi, les longs parcours y voient descendre le fret à 1,5 millime la tonne-kilométrique (de Pittsburg à New-Orléans).

Seine, ni la Seine à la Saône, ni l'Atlantique à la Suisse (1), — aux voies ci-après :

1° Aménagement du Rhône d'Arles à Lyon et Genève (avec la voie suisse du Rhône au Rhin comme prolongement); la Saône de Lyon à Verdun (confluent du Doubs) pourrait recevoir aussi facilement les grands bateaux ;

2° Canalisation de la Moselle, de la Basse-Meurthe et de la Sarre, avec les canaux annexes de l'Orne et du Grand-Duché ;

3° Canal du Rhin (Neuss ou Uerdingen) à Nederweert (pour unir les bassins lorrains à Anvers et à la Campine) et aménagement du canal de la Campine ;

4° Canal de la Chiers et aménagement de la Meuse de Rémilly à Liège et du canal de Liège à Nederweert (et à la suite de la Campine comme au 3°) ;

5° Canal de l'Escaut à la Meuse et aménagement des canaux du Nord entre Denain et Dunkerque ;

6° Aménagement de la Sambre, de Namur et de Charleroi à Bruxelles maritime.

Tonnages à attendre. — Mais quel est l'intérêt respectif de ces différentes voies ? Il dépend des tonnages à attendre et des frets, ceux-ci devant être eux-mêmes d'autant plus réduits que les tonnages seront plus forts. Or, il est bien difficile, pour ne pas dire impossible, aujourd'hui de faire des pronostics sur les tonnages qui emprunteraient les voies en question, d'autant plus que le sort de la guerre et le tracé de nouvelles frontières influeront sur les relations futures. On ne peut donc faire que des hypothèses.

Pour le Rhône, on avait évalué à 1.400.000 tonnes le tonnage annuel qu'il recevrait entre Marseille et Lyon, mais si le Haut-Rhône aussi était aménagé, combien faudrait-il compter pour desservir la Suisse ? Le Comité franco-suisse du Haut-Rhône dit compter sur 1.000.000 de tonnes entre Lyon et Genève dès les premières années de l'exploitation, ce qui ferait 2.400.000 tonnes entre Marseille et Lyon.

Pour l'Est de la France, les tonnages futurs seront beaucoup plus élevés. Si la frontière d'avant la guerre était simplement rétablie, la Lorraine française produisant alors au moins 2.000.000 de tonnes

---

(1) Cela équivaudrait à tranformer pour bateaux de 600 tonnes des voies telles que le canal de la Marne au Rhin (420 kilomètres avec la Marne et 138 écluses), le canal de Bourgogne (242 kilomètres et 189 écluses), la Loire en entier avec le canal du Centre (ou la création d'un canal de la Loire au Rhône) et on devrait se demander d'ailleurs si l'utilisation de pareilles voies ne coûterait pas plus cher qu'un allongement du trajet en mer pour se rendre aux ports de Marseille, Anvers et Rotterdam. Le tonnage à attendre sur ces voies serait en outre insuffisant.

de minerai (1), en exporterait environ 4 millions vers l'Allemagne, 3 à 4 millions vers la Belgique et sans doute 1 à 2 millions vers les usines du Nord et de l'Angleterre, et elle devrait recevoir pour traiter les 11 millions restants au moins 5 millions de tonnes de charbon (fine à coke) provenant pour la plus grosse part (en raison des prix notablement moins élevés) de Westphalie, et le reste du Pas-de-Calais, de la Campine ou peut-être d'Angleterre; on en conclut que le trafic de la Moselle canalisée serait d'au moins 7.000.000 de tonnes (plus, si la direction de la Campine et de l'Angleterre empruntait cette voie et le Rhin); que le canal du Nord-Est, dans son tronc commun entre Pierrepont et Mézières, aurait aussi un tonnage approchant de ce chiffre, tonnage qui se partagerait entre les deux branches (Meuse belge et canaux à la suite d'une part, canal de la Meuse à l'Escaut d'autre part). Mais, si comme le veulent nos espérances patriotiques, la Lorraine annexée (bassins de Thionville, de Hayange, d'Aumetz, etc.) revient à la France, la production se trouvera doublée, et comme ces bassins sont orientés par la nature et par les habitudes de leurs exploitants vers la Westphalie, nul doute que la canalisation de la Moselle et l'utilisation du Rhin s'imposent.

Bref, les métallurgistes lorrains étant, dans tous les cas, dans l'obligation pour vivre de vendre du minerai à la Westphalie et d'en tirer du charbon en masses considérables et devant aussi faire des échanges analogues avec le Nord de la France, la Belgique et l'Angleterre, l'intérêt des voies de navigation en cause ici est énorme, et la question se place au tout premier plan pour l'avenir économique de la France. Le traité futur devra l'envisager et, à notre avis, spécifier les mesures de réalisation, telles que l'exécution de la canalisation de la Moselle et du canal du Rhin à Nedeweert, la mise au gabarit de la Meuse et des canaux belges, l'internationalisation *effective* de la navigation sur le Rhin (2) et la Moselle, etc.

Économies à espérer sur les prix de transport. — Ici, une grosse difficulté, résultant de ce que nous ignorons à quel taux seront les frets après la guerre, force nous est donc de faire des comparaisons d'après ce qu'ils étaient en 1914; mais ces comparaisons restent valables, parce que les majorations résultant du renchérissement du charbon, de la main-d'œuvre, etc., porteront sur tous les modes de transport. Il semble même que la navigation qui utilise moins de force motrice et qui empruntera de l'énergie

______

(1) Voir les chiffres de 1912, donnés précédemment (page 9.)

(2) En droit, la navigation sur le Rhin est bien déclarée internationale par le Congrès de Vienne de 1815 (art. 108 à 117) et l'acte revisé de 1868; mais, en fait, depuis qu'à la suite de la guerre de 1870, la France n'est plus représentée au sein de la commission centrale du Rhin, l'Allemagne avait la haute main.

électrique à la houille blanche ou à la chaleur perdue des hauts-fourneaux, sera moins touchée par ces majorations que les chemins de fer.

Or, si nous avons déjà cité plus haut quels étaient, avant la guerre, les frets sur le Rhin et ceux escomptés sur le Rhône et la Moselle après leur aménagement, il nous reste à voir ce qu'ils seraient sur un canal à bateaux de 600 tonnes, équipé suivant les derniers progrès, c'est-à-dire avec halage électrique. On ne peut mieux faire pour cela que de citer le résultat des études de M. l'Inspecteur général Renaud pour le canal du Nord-Est (1), études basées sur l'expérience de la traction électrique aux canaux du Nord (et aussi des premiers essais de halage funiculaire au canal de la Marne au Rhin, suivant le système de la Compagnie Générale Électrique), M. Renaud a aussi établi que le prix total du transport serait, péage non compris, suivant la capacité des bateaux et les conditions de retour, savoir :

Coût total sans péage du transport d'une tonne kilométrique par eau (10 voyages par an).
L'énergie électrique provenant de la chaleur perdue des Hauts-Fourneaux étant supposée payée 0 fr. 06 le kilowatt-heure.

CONDITIONS DE RETOUR	PÉNICHES		CHALANDS		
	à 280 T.	à 350 T.	à 400 T.	à 500 T.	à 600 T.
	millimes	millimes	millimes	millimes	millimes
Retour à vide une fois sur deux	6,66	5,85	5,42	4,95	4,64
Retour à vide une fois sur quatre	5,98	,32	4,89	4,45	4,17
Retour en charge	5,48	4,89	4.45	4,10	3,83

M. Renaud propose de majorer ces chiffres de 20 % pour bénéfice et imprévu. En outre, on se rappellera que pour passer d'eux aux frets qui devraient être pratiqués pour tenir compte du coût de premier établissement et des frais d'entretien de la voie, il faudrait y ajouter un péage calculé à cet effet. Sur le futur canal du Nord, le péage avait été fixé à 6 millimes par tonne kilométrique et nous avons vu précédemment ce que les Allemands comptaient fixer pour la Moselle canalisée (variable suivant la nature des marchandises). Il est clair que pour la transformation d'un canal existant, en vue de bateaux de 60 tonnes ou simplement pour son équipement

---

(2) M. Renaud avait bien voulu, très peu de temps avant sa mort, me confier toutes ses notes manuscrites et autres, en sorte que je suis certain de traduire exactement ses appréciations, d'une haute valeur. M. Renaud avait été aidé dans son étude par M. l'ingénieur Brot.

mécanique, le péage devrait rester bien en dessous; il pourrait être, dans les deux cas, de 1 à 2 millimes et, en tout cas, devrait rester inférieur au bénéfice à en espérer (lequel va être indiqué ci-après).

Comparaison entre les prix de transport par bateaux de 600 tonnes et par péniches de 280 tonnes. — Les chiffres du tableau ci-dessus montrent bien la différence entre ces prix, différence qui est d'environ 2 millimes par tonne kilométrique et qui fait ressortir pour un tonnage un peu fort et une distance de parcours assez longue un avantage sérieux. Ainsi, entre Nancy et Dunkerque (626 kilomètres par les voies existantes) s'il y avait un trafic annuel bien équilibré de 2.000.000 de tonnes, l'avantage, par an, serait d'environ 2.500.000 francs pour les bateaux de 600 tonnes sur les péniches, ce qui permettrait d'appliquer un capital de 50.000.000 à la transformation des voies empruntées. On voit que, question de raccourcissement de tracé mise à part (1), c'est le tonnage lui-même qui départagerait les canaux méritant d'être transformés de ceux qui ne le méritent pas; quant aux canaux neufs, lesquels ne doivent d'ailleurs être créés que s'ils sont assurés d'un trafic de plusieurs millions de tonnes, il est clair qu'il faudra les construire pour bateaux de 600 tonnes. On aurait évidemment un fret encore plus économique si on les construisait pour bateaux plus grands (1.000 à 1.500 tonnes par exemple); il avait été question de faire la Moselle canalisée pour bateaux de 1.000 tonnes, mais le coût augmente rapidement avec ses dimensions et, par suite, le péage deviendrait vite trop onéreux. C'est pourquoi, sauf pour les grands fleuves, on est d'accord pour s'en tenir dans nos régions aux bateaux de 600 tonnes.

En réalité, les prix de la première colonne du tableau ci-dessus sont bien différents de ceux de 10 à 12 millimes qui étaient pratiqués avant la guerre pour les transports par péniches à chevaux sur le réseau ordinaire. Cela tient aux défectuosités de l'état des choses très archaïques subsistant sur nos voies navigables, au temps perdu, à la mauvaise utilisation de la batellerie, etc.; le gain de 3 millimes par tonne kilométrique (de 7 à 10 millimes), représente l'énorme avantage qui résultera de l'adoption de la traction mécanique et d'une meilleure réglementation. On voit qu'il est très considérable et, par suite, le réseau ordinaire peut augmenter singulièrement de valeur par un bon équipement moderne; la capacité d'un canal à péniches deviendrait beaucoup plus grande par

---

(1) Le canal de la Meuse à l'Escaut créerait un raccourci, mais il serait beaucoup plus coûteux à construire que la mise au gabarit de 600 tonnes du canal existant.

cet équipement même, et la conclusion en est que seul un fort tonnage (par exemple de plus de 2.000.000 de tonnes) justifierait sa transformation pour bateaux de 600 tonnes.

Comparaison avec les prix de transport par chemin de fer. — Reste une dernière question (qui aurait pu être une question préalable), c'est de savoir si, comme on l'a soutenu, les gros transports ne se feraient pas plus avantageusement par fer que par eau. Les partisans à tous crins des chemins de fer admettent bien que l'avantage reste à la navigation sur les très grands fleuves (Rhin, Volga, Danube, Mississipi), mais ils le nient pour toute voie d'eau artificielle; leur erreur provient de ce qu'ils ont comparé un chemin de fer parfaitement équipé à un canal dont l'exploitation est restée rudimentaire; il devient facile, avec les chiffres déjà donnés, d'en faire justice.

Si on admet que les péages sont à peu près équivalents pour une voie d'eau et pour un chemin de fer destinés à recevoir le même gros trafic (1), il ne reste à comparer que les frais de transport proprement dits. Or, MM. Colson et Marlio (2) trouvent, pour mettre en regard des frets par eau (5 millimes par tonne kilométrique dans l'avenir, d'après la dernière colonne du tableau et non 12 à 15 millimes comme aujourd'hui), le chiffre de fer qui est de $8 + 2,5 = 0$ fr. 015; aux États-Unis, on donne aussi le chiffre de 10 millimes comme la limite au-dessous de laquelle on ne peut descendre, même pour les lignes à gros trafic. Il semble donc bien démontré qu'à égalité de parcours et pour les gros tonnages qui justifient un canal à bateaux de 600 tonnes, un avantage de 5 millimes par tonne kilométrique doit rester à la voie d'eau toujours au prix d'avant la guerre).

En fait, la navigation a résisté victorieusement, sur bon nombre de voies, même mal outillées, et dans tous les pays à la concurrence des chemins de fer, et a même vu grandir son tonnage (en Allemagne notamment). C'est qu'il y a une limite inférieure de prix, au-dessous de laquelle le chemin de fer ne peut plus transporter qu'à perte, et il appartient aux gouvernements de l'empêcher d'en arriver là. Cette limite dans les dernières années avant la guerre, avec des prix de charbon très bas, devait être certainement de 13 à 15 millimes par tonne kilométrique (en prenant avec MM. Colson et Marlio 0 fr. 0044 pour le péage, on trouve 0 fr. 0149). Le tarif le plus bas connu en France, le tarif P. V. 113, chap. 2, barème II (Nord, Est et Ceinture), homologué du 27 novembre 1906,

---

(1) M. Bourgougnon fait remarquer que la ligne de Miramas à l'Estaque qui doit subir un grand trafic de marchandises, coûtera plus cher par kilomètre que le canal de Marseille au Rhône.

(2) Rapport de la huitième session de l'Association internationale des Congrès des chemins de fer, Berne 1910.

pour minerai de fer par wagon de 40 tonnes appartenant à l'expéditeur, était, non compris frais de gare et frais d'amortissement et d'entretien des wagons, de 3 francs, pour les 125 premiers kilomètres, et de 0 fr. 01 par kilomètre au delà, moins certaines réductions, en sorte que de Briey à Lens, pour 310 kilomètres, on arrivait au chiffre de 4 fr. 11 par tonne (soit 13 1/4 millimes par tonne kilométrique) par trains d'au moins 14 wagons de 40 tonnes (1); avec le renchérissement du charbon, la limite inférieure en question ne pourrait être que relevée.

Nous devons ajouter que les chemins de fer seraient-ils plus avantageux que les voies navigables, il faudrait encore se demander s'ils pourraient faire face seuls aux très gros tonnages, tels que ceux envisagés entre la Lorraine et la Westphalie. Or, les Allemands ont reconnu que pour le trafic à attendre là, les voies ferrées actuelles seraient absolument insuffisantes et qu'il faudrait dépenser 200 millions de marks pour les mettre en état (il serait donc plus économique de canaliser la Moselle). C'est qu'en effet les chemins de fer ont aussi une limite de capacité, et que celle-ci reste en dessous des voies navigables à grande section.

Résumé et conclusions. — 1° Comme pour beaucoup d'autres pays, il y aura un grand intérêt économique pour la France à avoir un réseau de grande navigation, mais ce réseau ne doit pas rester enfermé dans les frontières actuelles ou futures du pays, et en vue surtout des gros tonnages qu'aura à transporter la métallurgie, l'intérêt bien entendu de la France exige qu'il s'étende aux Pays-Bas, aux pays Rhénans et à la Suisse en englobant à l'est la grande artère qu'est le Rhin.

2° Ce réseau doit comprendre les cours d'eau naturels déjà aménagés ou à aménager pour porter des bateaux d'au moins 600 tonnes, ainsi que quelques voies artificielles admettant ces bateaux, soit que ces voies existent déjà (en ce cas elles seront souvent à transformer), soit qu'elles soient à créer de toutes pièces. Il est entendu que cette transformation ou création n'est économiquement justifiée que là où on est assuré d'un gros tonnage.

3° Afin d'obtenir les prix de fret aussi réduits que possible, les voies en question devront être aménagées avec tous les perfectionnements modernes, savoir : pour les voies naturelles, présenter partout une largeur utile d'au moins 40 mètres et un tirant d'eau d'au moins 2 m. 50, avoir des écluses admettant du même coup un

---

(1) En Allemagne, les derniers prix des chemins de fer pour transport du minerai étaient 4 pf. 8 pour les 100 premiers kilomètres, 1 pf. 5 pour les 100 suivants ce qui, pour 310 kilomètres, donne 4 mk. 40 = 5 fr. 50, soit 0 fr. 0177 par tonne kilométrique.

convoi avec son remorqueur, etc.; pour les canaux, avoir aussi un tirant d'eau d'au moins 2 m. 50 et une section d'au moins 30 mètres carrés etc., et être équipés pour la traction mécanique, soit par le système des tracteurs sur rails, soit par celui du halage électrique funiculaire de la Compagnie Générale électrique (système qui paraît si économique de première installation) ; bien entendu, on devra s'assurer de l'énergie aussi bon marché que possible.

4° Les canaux actuels pour péniches peuvent satisfaire à des tonnages assez élevés, pourvu qu'ils soient équipés mécaniquement (comme il vient d'être dit ci-dessus) et qu'une bonne réglementation en assure l'exploitation d'une manière écomonique et intensive : il sera souvent besoin pour cela de recourir à un monopole.

5° Les chemins de fer ne peuvent arriver à transporter à aussi bas prix que la navigation, là où on a de gros tonnages et des voies d'eau faciles et directes ; un partage du trafic doit se faire naturellement entre les deux modes de transport, modes qui doivent s'entr'aider et non pas se concurrencer.

6° Toutes les manutentions et transbordements aux points de jonction, soit de ports de mer avec le réseau de grande navigation, soit entre les deux réseaux de navigation, soit entre ces réseaux et les chemins de fer devront se faire le plus commodément, le plus rapidement et le plus économiquement possible. On devra donc aménager en ces points un outillage complet et perfectionné.

7° Une réglementation internationale appropriée devra uniformiser et faciliter les conditions de la navigation et plus généralement les transports et échanges entre les différents pays limitrophes.

En résumé, il est nécessaire que la France se préoccupe pour l'avenir de l'amélioration des conditions de transport, notamment pour les gros tonnages (pour lesquels la navigation, surtout sur les voies à grande section, est un moyen très puissant et très bon marché). Elle ne devra pas négliger ces considérations dans le traité de paix à intervenir, pas plus que les considérations économiques réglant le sort de la grande industrie future (charbonnages, métallurgie, industries chimiques principalement), considérations auxquelles se rattache d'ailleurs étroitement la question des transports.

____

(1) Article de la *Zeishreift für Binnenschiffahrt* du 1ᵉʳ avril 1913.

Président : M. le Commandant Cloarec.

—

RAPPORT

de M. AUBIN

SUR LA

Navigation Maritime
et les Constructions Navales.

—

En chargeant un même rapporteur de vous exposer les problèmes à l'ordre du jour en matière de Construction Navale aussi bien que de Navigation Maritime, vous avez évidemment voulu marquer l'intérêt qui s'attache à ne pas séparer, en vue des progrès à réaliser, les diverses questions concernant le navire.

Vous avez voulu marquer combien il importait, en vue des vœux à émettre et à soutenir auprès de l'opinion et des Pouvoirs publics, de ne pas étudier indépendamment l'un de l'autre deux ordres de faits si étroitement liés dans la pratique.

La Construction Navale et la Navigation Maritime ne sont-elles pas d'ailleurs deux phases consécutives de l'existence d'une même chose : le navire, la construction navale présidant à sa naissance, la navigation maritime à sa vie ?

Tout a été dit déjà dans les milieux spéciaux au sujet de la situation fâcheuse dans laquelle se trouve la Marine Marchande de France et des périls qui la menacent ; tout a été dit souvent sans parvenir à galvaniser l'opinion et à exiger les remèdes nécessaires, si bien que le recul de la France sur les listes des différentes nations relatives à la jauge de la flotte, au nombre des navires, au tonnage transporté, aux mouvements dans les ports, etc., était enregistré avec résignation.

Les circonstances actuelles nécessitent un nouvel effort. Il faut que, sur ce point comme sur tant d'autres, la France se ressaisisse victorieusement et obtienne ce dont elle a besoin, ce à quoi elle a droit.

Des personnalités éminentes ont déjà lancé à cet effet des appels éloquents et motivés; je renvoie à ces travaux rémarquables, parmi lesquels il faut citer, hors de pair, les travaux récents de notre Président M. Cloarec et de M. Hubert Giraud, et le livre de M. Charles Roux sur le péril de la Marine Marchande, et tant d'autres études lumineuses. On trouvera dans tous ces travaux la précision des chiffres et l'énoncé des faits.

Je ne veux insister devant vous que sur l'urgence de certaines mesures et sur un essai de réalisation rapide des plus nécessaires d'entre elles.

Le temps n'est plus où l'on pouvait se consacrer en détail à l'étude académique de tel ou tel type de construction, de telle ou telle réglementation.

Il nous faut des navires, beaucoup de navires, il nous les faut rapidement, il faut que nous puissions les faire naviguer sûrement pour la vie immédiate de notre pays, pour sa prospérité future.

Que pouvons-nous, que devons-nous faire immédiatement pour cela ?

Construction navale.

Pour avoir des navires, il faut, ou les acheter, ou les construire.

A part quelques unités de second ordre, chiliennes ou argentines, on peut dire qu'il n'y a plus de navires à acheter, toutes les nations ayant l'une après l'autre interdit les transferts de pavillon, tellement la possession du navire et le prolongement de la patrie au travers du monde se sont imposés partout comme une des premières nécessités de chaque pays.

Nous n'avons plus d'autre ressource que d'en construire nous-mêmes, et le plus rapidement possible.

La possibilité de construire en France ou aux colonies les navires nécessaires dépend aussi bien de l'obtention de certaines facilités que de la suppression de certains obstacles.

On peut envisager les facilités à obtenir à un triple point de vue : l'argent, les matières, le personnel ouvrier.

Le côté financier semble à l'heure actuelle celui qui donnerait lieu aux dificultés les moins grandes. D'une part, ceux des armateurs qui ont pu conserver ou faire travailler au maximum leurs navires ont, ou bien des possibilités d'engager des commandes, ou des facilités les mettant à même d'emprunter l'argent nécessaire; d'autre part, une loi a déjà été votée, mettant à la disposition des armateurs des sommes assez importantes, auxquelles il semble avoir été bien modestement fait appel jusqu'ici.

C'est qu'en effet les efforts individuels les plus hardis, les bonnes volontés les plus entreprenantes, se sont heurtés jusqu'ici à l'impossibilité de réunir les matériaux nécessaires.

Pour certains d'entre eux, les difficultés peuvent être surmontées, non sans peine, mais l'acier, base principale de la construction navale, fait défaut, ou du moins n'est pas jusqu'ici mis à la disposition des constructeurs pour cet emploi. Il est réservé à d'autres besoins de la Défense Nationale.

Et cependant, les révélations que les derniers trimestres de la guerre ont fait éclater, ne montrent-elles pas suffisamment à quel point l'existence et le remplacement des navires font partie de la force de résistance d'un pays?

Les difficultés à obtenir de nos alliés les plus efficaces et les plus sûrs, l'acier naval que nous réclamons, la prévoyance avec laquelle ils ont soin de se le réserver pour le développement intense de leurs constructions navales, ne montrent-elles pas à quel point les Anglais se sont pénétrés de cette nécessité que nous semblons encore à peine comprendre chez nous?

Il faut se reporter à l'énumération des négociations entreprises par le Sous-Secrétariat de la Marine Marchande pour se rendre compte des efforts faits, et jusqu'ici, de leur inutilité relative.

Il résulte en somme de tout cela, selon moi, que le long cortège des bonnes volontés attelées jusqu'ici à la solution de cette question n'est pas encore près de la conduire à son but et l'on peut, dussé-je paraître trop téméraire et trop novateur, envisager une solution plus radicale.

On doit bien admettre qu'à l'heure actuelle, les navires qui nous apportent d'Angleterre, d'Amérique, d'Australie, le blé nécessaire à notre vie, les compléments de nos approvisionnements, l'Armée Américaine et tous ses services, comptent au premier rang de nos engins d'armement.

On doit bien reconnaître, d'autre part, qu'après avoir douté si longtemps des facultés de la flotte aérienne au point de vue résultat final, on a dû voir enfin que d'elle, de sa puissance, de son renforcement, de sa réalisation rapide, dépendra en grande partie le succès de l'effort final.

Pourquoi dès lors ne ferait-on pas pour la flotte des mers ce qui vient d'être fait pour la flotte des airs? Pourquoi ne pas faire dépendre sa construction du Ministère de l'Armement? Le jour où le Ministre de l'Armement, qui est le Ministre de la répartition de l'acier, devra consacrer ses efforts, non seulement à satisfaire de son mieux aux desiderata trop modestes de son collègue, ministre ou sous-secrétaire d'État de la Marine marchande, mais à la réalisation de services dont il sera responsable, nul doute que le service de construction, d'achèvement et de réparation des navires de la Marine Marchande ne trouve assez facilement l'acier qui lui sera strictement indispensable. que cet acier soit pris sur les stocks de provenance étrangère ou sur ceux de production française.

L'acier naval ne devra d'ailleurs être livré aux constructeurs de matériel naval que dans la mesure strictement nécessaire.

Il conviendra en effet, de n'absorber pour la création et le renouvellement du tonnage que les quantités et sortes d'acier rigoureusement indispensables, Il serait regrettable qu'en pleine crise mondiale d'acier, on employât le précieux métal dans des circonstances où il peut être remplacé par d'autres produits, sinon équivalents, du moins suffisants. C'est ainsi qu'il faudra faire la part très large pendant la crise actuelle à la construction en bois, souvenir du passé, et au ciment armé, espoir peut-être, sinon de l'avenir, du moins de l'heure présente. En dehors des constructions navales appelées à naviguer couramment et à des vitesses normales ou supérieures à la normale, il est toute une série de constructions flottantes pour lesquelles le ciment armé est particulièrement indiqué : gabares, chalands, dragues, allèges, matériels de ports et de rades, voire voiliers et petits cargos, etc. De même, nombre de vedettes, de navires de pêche, d'embarcations, peuvent à nouveau être redemandés à la construction en bois perfectionnée depuis à la lumièrs des enseignements de la construction métallique la plus récente. Ces deux modes de construction, à un moment où la lutte financière doit marcher de pair avec la lutte économique et la lutte militaire, ont, en outre, le précieux avantage de pouvoir être réalisés à peu près exclusivement à l'aide de matières premières existant en grandes quantités sur la terre de France, sans nécessiter, par conséquent, un [nouvel exode de capitaux, pour le plus grand bien de l'amélioration des changes français, ou du moins de leur maintien.

Dans l'appoint d'acier à obtenir de l'Angleterre et de l'Amérique, le Gouvernement Français serait singulièrement mieux armé pour soutenir ses demandes, s'il pouvait prouver qu'il a fait tout ce qu'il pouvait en France, même à l'aide des ressources françaises, et cela à un moment où l'Amérique a déjà fait, et où l'Angleterre commence à faire elle-même beaucoup, dans l'ordre d'idées indiqué ci-dessus.

La question de main-d'œuvre est relativement moins difficile à résoudre. La proportion du nombre de spécialistes au nombre total d'ouvriers est relativement moins grande dans l'industrie des constructions navales que dans nombre d'autres industries. D'autre part, le personnel nécessaire à la construction d'un navire est, d'une manière absolue, assez faible au début de la construction. On doit donc admettre que l'on pourrait dès maintenant commencer bien des navires. L'augmentation rapide des effectifs américains en ligne devant avoir pour premier effet la libération de vieilles classes qui combattent depuis plus de trois ans, on pourrait certa nement trouver dans les premiers renvois du front les cadres du personnel nécessaire à la création de notre nouvelle flotte marchande. Quand on voit, et avec quelle fierté a-t-on le droit de le faire, ce qui a pu être improvisé en France, à ce point de vue, dans la plupart des industries depuis l'ouverture des hostilités, on peut envisager de ce côté les choses avec la plus grande confiance.

Obstacles à supprimer. — Si l'on veut se rendre compte du temps nécessaire pour construire un navire, il ne faut pas se laisser leurrer par le temps écoulé entre le moment où la première pièce est posée sur cale et celui où le navire fait un premier essai à la mer, moins encore par le temps s'écoulant entre la pose du premier rivet et la mise à l'eau ; si l'on veut voir clair et ne point concevoir d'illusions sur les services à attendre de navires à commander, il faut compter comme durée de construction le temps qui se passe entre le moment où l'armateur, quel qu'il soit, demande à un constructeur de lui faire un navire, et celui où ce navire sort du port emportant son premier chargement. J'estime, quand on a en vue la constitutiou et la reconstitution d'une flotte marchande, que les prévisions doivent être faites sur cette base, sous peine de graves mécomptes. La durée comprend donc le laps de temps des pourparlers, de la préparation et de l'acceptation des plans et de la discussion des prix. Qui de nous ne sait les temps interminables passés aux opérations de ce genre.

Deux remèdes à envisager : l'adoption de navires-types, l'emploi de méthodes de commande rapides.

Adoption de navires-types. — On a préconisé beaucoup l'adoption de types peu nombreux de navires. Il n'est pas douteux que la fabrication en série, non seulement dans un même chantier, mais en quelque sorte dans l'ensemble des chantiers, est de nature à faciliter à la fois (surtout à cause de la simplification des éléments) et les prix de revient avantageux. Mais cette standardisation générale, même limitée à un certain nombre de types, est tellement encore en contradiction avec les mœurs françaises que l'on est en droit de redouter, avant sa généralisation et son adoption, des pertes de temps et des heurts comparables à ceux qu'on se propose d'éviter. Nous sommes persuadés que la meilleure politique à suivre pour aboutir à des résultats, est celle qui consistera à limiter le nombre de types d'appareils auxiliaires. Ce sont les éléments des navires qu'il convient d'uniformiser plutôt que les navires eux-mêmes. Tout pas fait dans cette voie rapprochera du moment où l'on pourra envisager d'une manière pratique la standardisation générale.

Emploi de méthodes de commande rapides. — Il est perdu un temps considérable dans l'établissement dés conditions administratives d'une commande de navire. On va vite quelquefois quand il s'agit d'un chantier ayant la pratique courante et la confiance du client qui commande. Mais, dès qu'il s'agit d'une administration publique ou d'une grande administration privée, les difficultés naissent aussitôt et les lenteurs s'accumulent le plus souvent de la façon la plus réglementaire. On discute à l'infini le montant du forfait de la commande.

Dans les circonstances actuelles où la variation rapide et incessante des prix de base conduit à faire des prévisions larges, nous donnons nettement et d'une manière absolue la préférence à la commande dite en régie, où les dépenses du constructeur sont faites au vu et au su du client, avec fixation de frais généraux et de bénéfices déterminés. Ce système s'était déjà acclimaté et généralisé en Allemagne avant la guerre. Il me paraît d'autant plus nécessaire d'y recourir aujourd'hui que ce système, non seulement couvrirait le client contre les majorations faites en prévision de hausse, mais le mettrait à même de bénéficier de la baisse qui pourra se produire un certain temps après la cessation des hostilités, alors que la construction d'un navire, chose toujours assez longue, ne serait pas terminée.

Navigation maritime.

Le navire une fois construit commence immédiatement sa carrière.

Ses deux postes sont au port et à la mer.

Le navire dans les ports. — Pour que son rendement soit maximum, il faut que ses séjours au port soient de durée aussi courte que possible. Il en sera ainsi quand les ports seront aménagés de manière à éviter toute perte de temps à l'entrée, à la sortie, auront des quais assez développés pour qu'il y trouve facilement son poste sans attendre, assez bien outillés pour qu'il puisse opérer sans retard aucun son chargement et son déchargement. Notre éminent collègue et Président, M. Hersent, vous a déjà fait connaître dans son magistral rapport quels sont les vœux à formuler dans cet ordre d'idées.

Le navire à la mer. — Le navire, si bien ou si économiquement construit qu'il soit, ayant à sa disposition le port le mieux outillé qu'on puisse désirer, n'aura jamais qu'un mauvais rendement si l'équipage qui est nécessaire pour le conduire n'en tire pas le meilleur parti.

Dès lors n'est-il pas évident que l'intérêt de l'armateur et celui de l'équipage sont étroitement liés.

Trop longtemps l'opinion publique est restée ignorante de la portée réelle des difficultés qui se sont produites entre les armateurs et leur personnel naviguant. Elles les a souvent amplifiées, reliées à des préoccupations d'intérêt électoral, et à défaut d'y voir clair, associées étroitement à la question du maintien ou de la suppression de l'Inscription Maritime que l'on confond souvent à tort avec l'acte de 1793 et les lois de sécurité et de protection des marins.

Je ne saurais trop à cet égard m'associer à l'opinion formulée par notre Président, M. Cloarec, et que je vous demande la permission de citer :

« Les lois de sécurité et de protection sont parallèles à celles qui ont été promulguées pour les autres professions et on ne peut songer à en affaiblir la portée, on ne peut que les mieux coordonner. Ces lois ont d'ailleurs leurs correspondantes dans les autres pays qui ont des marines prospères.

« Quant à l'acte de 1793 qui fixe aux trois quarts de l'équipage le proportion de Français nécessaire pour que le navire puisse arborer le pavillon, on l'a beaucoup attaqué; cependant, il y a quelques semaines, le représentant attitré des armateurs déclarait officiellement que le personnel métropolitain et colonial suffisait à assurer l'armement de toute la flotte marchande. A mon avis, d'ailleurs, la mesure protège les armateurs plus que les marins; il est probable que si elle était rapportée, les salaires monteraient au niveau des salaires anglais ou norvégiens.

« Reste l'Inscription Maritime. Cette institution est principalement destinée à faciliter le recrutement de la marine militaire en mettant pendant presque toute leur existence les marins à la disposition de l'amirauté. En échange des charges qui leur sont imposées, les inscrits sont protégés pour le paiement de leurs salaires, ces paiements devant être faits aux bureaux de la Marine : personne ne réclame contre cette protection; ils bénéficient de quelques petits avantages personnels octroyés par la Marine et qui ne coûtent rien à personne; ils ont le monopole des concessions sur le domaine public, ce qui entrave certaines industries; et, chose principale, ils jouissent de retraites et de secours pour eux et leurs familles. Cette assurance constituait autrefois un avantage considérable qu'on leur faisait payer cher, puisqu'ils désertaient nos côtes en foule; mais depuis le vote des lois ouvrières, les inscrits, dont le sort a été tellement amélioré par la troisième République qu'il faut se prémunir contre l'Inscription fictive, ont cessé d'être favorisés à ce point de vue; ils paient plus que les ouvriers terriens pour des pensions quelquefois moindres, et ils ont l'obligation très dure de réunir 300 mois de navigation à 50 ans d'âge pour avoir leur retraite, ce qui les pousse à embarquer à tout prix. Il ne paraît pas douteux qu'une réforme basée sur le livret individuel et rapprochant l'organisation de celle des autres travailleurs serait avantageuse aux inscrits, tout en simplifiant considérablement les formalités ; mais les marins sont attachés à leur statut et il faudra sans doute plusieurs années pour les convaincre.

« Cependant, le mauvais usage fait, délibérément ou par ignorance, des règles de l'Inscription, a singulièrement affaibli la valeur militaire de l'outil dont disposait l'Administration de la Marine, et en résultera probablement, après la Guerre, une réforme assez profonde de l'institution au point de vue militaire, réforme qui entraînera des modifications au point de vue civil. Je pense avoir montré qu'il n'y a pas lieu de s'en émouvoir outre mesure ; l'Inscription Maritime n'a ni les vertus ni les vices que les uns ou les autres lui attribuent. »

Discipline. — Par contre il me parait absolument indispensable de sortir au plus tôt du *statu quo* en ce qui concerne le régime de la police des équipages à bord des navires de commerce.

Le décret-loi du 24 mars 1852, modifié en 1898 et 1902, institue et règle ce régime pénal. La refonte de ce décret, resté en partie lettre morte depuis des attaques formulées à la tribune en 1903, est à l'étude, mais les étapes de la révision sont si lentes qu'il est indispensable à l'heure actuelle de faire un effort spécial pour la faire aboutir. La Commission chargée en 1905 de ce travail a abouti en 1909 à un projet, qui soumis à de nouvelles études a donné lieu finalement au dépôt d'un projet de loi transactionnel déposé par le Gouvernement dans la séance de la Chambre des Députés, le 6 mai 1913.

Bon ou simplement médiocre, ce règlement aura du moins l'avantage de fixer de la manière qui aura paru la plus équitable les droits et les devoirs de chacun. Rien n'est plus urgent qu'une pareille mesure.

Travail à bord. — Il convient également de soumettre autant que possible au régime commun toutes les questions relatives au travail à bord. Je dis autant que possible, car dans une législation et dans une réglementation dont le premier objet doit être de mettre notre marine marchande en état de lutter à armes égales avec celles des autres nations du monde, il importe de veiller à ce que les charges pesant sur l'ensemble d'une même industrie soient sensiblement les mêmes d'un pays à l'autre.

Une révision périodique de ces charges devrait être envisagée.

On ne me reprochera pas d'avoir dramatisé la question.

Le problème de la Marine marchande posé depuis longtemps dans les milieux spéciaux est encore sans réponse pratique. Depuis trop longtemps, le grand public et l'opinion n'ayant guère vu que des luttes d'intérêts entre armateurs et constructeurs, entre le personnel naviguant et les propriétaires de navires, y ont soupçonné des préoccupations politiques. En définitive, le pays, sur ce point comme sur tant d'autres, n'a pas manifesté sa volonté et s'est désintéressé d'une question qui, après avoir fait et maintenu la fortune et la supériorité de l'Angleterre, était en train de préparer celles de l'Allemagne.

Aujourd'hui le problème est posé devant l'opinion. Il l'est par les réflexions de la phalange croissante de ceux qui, à la lumière des enseignements de la guerre, commencent à voir sans parti pris, après avoir consenti à regarder ; il l'est par l'intérêt avisé de ceux qui comprennent qu'un relèvement immédiat de la marine marchande française est indispensable à notre force de résistance, et que son développement, jamais trop considérable, sera le premier facteur du réenrichissement de la France ; il l'est par la sensation des gênes que des restrictions encore modestes font éprouver dans tous les milieux. N'attendons pas qu'il le soit par l'aiguillon de la faim dans toutes les couches d'un peuple qui saurait demander pourquoi l'on a trop attendu.

N'attendons pas davantage, tel est le mot d'ordre auquel doivent s'attacher à l'heure actuelle toutes les initiatives, toutes les énergies. N'attendons pas pour prendre les décisions nécessaires de nous trouver en présence de projets acceptés par tous les Conseils, tous les Comités consultatifs ; n'ayons pas l'illusion de donner à nos règlements une perfection valable pour l'éternité. Contentons-nous d'un mieux actuel et immédiat, mais sachons l'exiger. Demandons à nos administrations publiques, à nos armateurs qui n'ont pas hésité à acheter télégraphiquement aux quatre coins du monde des navires d'âge quelconque, de vitesse présumée, sous la seule condition de naviguer pratiquement et d'avoir un port en lourd déterminé, demandons-leur, dis-je, quand ils commanderont en France des navires, de faire preuve de la même largeur de vues, d'en surveiller la construction en aides et en collaborateurs, sans obstruction, avec le seul désir de hâter le plus possible la réalisation de l'engin dont eux-mêmes et la France au-dessus d'eux a un si impérieux besoin.

L'atmosphère d'union glorieuse et féconde que nous respirons depuis le début de la guerre et que quelques miasmes passagers, émanés de quelques mares plus ou moins stagnantes ou fétides, n'arriveront pas à troubler, facilitera l'emploi des méthodes rapides aussi bien pour l'établissement des règlements et des lois que pour les tracés des constructions.

Ces méthodes, dites de guerre, qui ont révélé à notre pays l'infinie variété de ses ressources et la manière de s'en servir, qui lui ont donné une conscience trop incomplète encore selon moi, de sa force réelle, et ont mis la France à l'avant-garde de la résistance du monde contre nos ennemis, ces méthodes, dis-je, devront être encore les méthodes créatrices et directrices du temps de paix, celles qui proportionnent l'effort au but à atteindre.

L'ère de la paix ne changera que la forme de la lutte. La guerre en est l'acte le plus douloureux, le plus tragique, le plus sanglant, mais ce n'est qu'un acte de la lutte éternelle pour l'existence, lutte qui durera tant qu'il y aura des hommes et des peuples ayant le droit et la volonté de vivre.

Louis AUBIN.

Président : M. PÉRISSÉ

RAPPORT

de M. G. LUMET

SUR

La Situation de l'Industrie Automobile après la Guerre

La Sous-Section ayant chargé son rapporteur de présenter les conclusions suivantes relatives aux desiderata de l'industrie automobile, j'ai divisé mon travail en deux parties :

1° Questions techniques et professionnelles;
2° Questions économiques.

CHAPITRE PREMIER

Questions techniques et professionnelles.

Le champ des questions techniques qui peuvent se poser dans l'industrie automobile est étendu. Il ne m'appartient pas, dans un tel rapport, de les passer toutes en revue, mais j'ai cru devoir retenir celles qui nécessitent un accord soit entre les diverses industries automobiles et les autres industries, soit entre les industries automobiles et les administrations publiques, estimant que ces questions pouvaient intéresser plus particulièrement le Congrès du Génie civil.

**

A. — Standardisation des matériaux.

1° **Matières premières.** — Nous pouvons tout d'abord poser la question suivante : paraît-il désirable de réduire au minimum les spécifications des aciers et autres métaux répondant aux différents besoins de la construction automobile ?

Il est certain que cette question présente un intérêt d'ordre général et qu'elle peut s'adresser à toutes les industries mécaniques. Elle a été traitée dans le rapport que doit présenter au Congrès M. Ed. Sauvage sur l'unification et l'étalonnage des constructions industrielles.

Chaque industrie, au point de vue du choix du métal, a ses besoins spéciaux qu'il faut définir; cette définition n'est évidemment pas l'œuvre du Congrès; néanmoins, à titre d'exemple, je présente un tableau que m'a communiqué la Compagnie générale des Omnibus et qui donne une classification des métaux qui pourraient être employés dans la construction automobile pour satisfaire aux conditions de travail des divers organismes. On peut s'étonner, en effet, de la variété considérable des aciers spéciaux proposés par les usines métallurgiques, alors qu'en réalité les catégories d'organismes travaillant au point de vue mécanique dans des conditions différentes sont en nombre relativement restreint; aussi bien, semble-t-il qu'il serait très intéressant pour les aciéries qui simplifieraient ainsi leur fabrication et pour les constructeurs, afin de faire un choix parmi les produits soumis à des essais parfois malheureux, de réduire au minimum les spécifications des aciers spéciaux.

Nature et caractéristique de l'acier employé.

DÉSIGNATION des ORGANES		RÉSISTANCE à la rupture en kg. par mmq environ	ALLONGEMENT % environ	RÉSILIENCE (1)	TRAITEMENTS THERMIQUES
Bielles, vilebrequins.	Acier au nickel et au chrome mi-dur.	90	13	18	Trempé à l'huile à 900° recuit vers 500°.
Arbres de boîte de vitesses sans engrenage ; arbres d'entraînement des roues AR; arbres de différentiel; essieu.	Même qualité que ci-dessus.	105	12	14	Trempé à l'huile à 900° recuit vers 450°.
Arbres de boîte de vitesses avec engrenages venus avec l'arbre.	Même qualité que ci-dessus.				Trempé à l'huile à 900° queue seule revenue à 450°.
Engrenages en toujours eu prise.	Acier au nickel et au chrome dur tenace.	190	3	8	Trempé à l'huile à 900° revenu vers 350°.
Engrenages toujours en prise.	Acier doux de cémentation au nickel et au chrome.	100 (sous la couche cémentée).	12 (sous la couche cémentée).	25 (sous la couche cémentée).	Trempé à l'huile à 850°.
Ressorts.	Acier mangano-siliceux.				
Soupapes.	Acier à haute teneur en nickel.				

(1) Les chiffres donnés pour la résilience sont des moyennes obtenues avec l'appareil Guillery sur éprouvette Mesnager de 10 × 10, longueur 60 millimètres, entaille de 2 millimètres de largeur terminée par un arrondi.

C'est en s'inspirant de ce principe que la Compagnie générale des Omnibus estime que, tout au moins dans la construction des automobiles de poids lourd, il est possible de réduire à cinq ou six les spécifications des aciers employés.

Nous estimons également qu'il est désirable d'établir des spécifications bien définies pour les aciers moulés, les bronzes et l'aluminium. La standardisation pour ces métaux étant beaucoup plus simple à réaliser que pour les aciers spéciaux, une sorte de cahier des charges-type des constructeurs d'automobiles pourrait être facilement établi.

Il y a évidemment là matière à discussion; aussi, je propose que la Sous-Section se rallie à la conclusion du rapport de M. Sauvage qui tend à la création d'une Commission permanente pour l'étude des unifications industrielles, conclusion dont nous parlerons plus loin.

2° **Pièces accessoires.** — On peut se demander quelles sont les pièces accessoires de la construction automobile pour lesquelles la standardisation serait susceptible de constituer un progrès. Il est certain que si l'on est d'accord sur le principe, dans l'industrie automobile, il semble bien qu'une standardisation poussée à l'extrême rencontrerait la plus grande opposition de la part des constructeurs qui, pour le plus grand bien de la construction d'ailleurs, s'efforcent chaque jour d'apporter un progrès nouveau et personnel dans leur fabrication.

Où l'accord est certain en matière de standardisation, c'est pour le filetage, par exemple, pour certaines pièces accessoires, telles que les raccords et robinets de canalisation d'essence, les raccords de circulation d'eau, les bouchons de fermeture de réservoir d'essence et de radiateur, les bouchons de vidange des carters des moteurs, des boîtes de vitesse et de différentiels.

Les services de l'armée se préoccupent vivement de la question de l'unification des pièces automobiles.

L'interchangeabilité de certaines pièces est susceptible, en effet, d'apporter dans toutes les grandes exploitations un précieux secours; certains résultats ont déjà été obtenus, par exemple pour les bandages en caoutchouc, les chaînes, les magnétos, les bougies, mais il reste encore beaucoup à faire et l'on peut se demander s'il n'y aurait pas intérêt à établir des séries bien définies, par exemple pour tous les roulements à billes, les axes graisseurs, les ressorts, etc., etc. Sur ce point encore, je conclurai comme ci-dessus.

3° **Bandages.** — Ne pourrait-on pas limiter le nombre des types de bandages pleins utilisés sur les véhicules industriels? Cette question rentre dans la précédente. Je l'ai séparée, car elle a, du fait de la guerre, reçu un commencement de solution.

L'œuvre accomplie est déjà considérable, mais elle est perfectible et son importance est telle qu'elle mérite une attention toute spéciale.

Pour exposer l'intérêt de la question, il me suffira de reprendre les conclusions du service des fabrications automobiles de l'armée concernant les dimensions de jantes et d'armatures de bandages pleins : l'unification de ces dimensions étant nécessaire à la fois aux fabricants de bandages, aux constructeurs de camions et aux usagers des véhicules, qu'ils soient militaires ou industriels. Il a été décidé qu'à partir du 1er avril 1917, toutes les roues pour bandages pleins et tous les bandages devront être fournis avec jante ou armature aux dimensions du tableau que je reproduis ci-dessous, les tolérances étant de 1 millim. 5 en plus, rien en moins, sur la circonférence de la jante mesurée en ruban et de 1 millim. 5 en moins, rien en plus, sur la circonférence de l'armature mesurée en ruban.

Dimensions des Jantes et Armatures de bandages pleins.

JANTES		ARMATURES		SECTIONS ET DIAMÈTRES DES BANDAGES CORRESPONDANTS								
Diamètre extérieur.	Circonférence extérieure à constater au ruban de 3/10e d'épaisseur.	Diamètre intérieur.	Circonférence intérieure à constater au ruban de 3/10e d'épaisseur.	85	90	100	110	120	130	140	150	160
m/m	m/m	m/m	m/m									
704	2.203	699,6	2.197			850		860				
721	2.266	719,7	2.260	850	860	970		900		900	[illegible]	
741	2.328,5	739,6	2.322,5					995				
751	2.360	749,6	2.354			900	900	910		930	[illegible]	
756	2.376	754,7	2.370		900	910		920				
771	2.423	769,6	2.417	920	920	920	926	980	940	950	[illegible] (970)	[illegible] (920)
804	2.526,5	802,6	2.520.5		945 (950)	950						
816	2.564	814,5	2.558	950	950							
851	2.674	849,5	2.667,5			1.000	1.000	1.010	1.000	1.000	(1.030)	[illegible]
881	2.768,5	879,5	2.762		1.020	1.030						
901	2.831,5	899,4	2.824,5			1.050	1.055	1.060				
1.000,5	3.144	998,8	3.137			1.140	1.140	1.160	1.160	1.150	1.160	1.160

OBSERVATION. — Les longueurs des circonférences à constater au ruban ne sont pas égales au diamètre réel multiplié par 3,1416 à cause de l'épaisseur du ruban.

Tolérances sur les circonférences à constater au ruban :

Jantes . . . 1m/m5 en plus, 0 en moins.
Armatures . 1m/m5 en moins, 0 en plus.

C'est à la suite d'un très important travail du lieutenant-colonel Ferrus, directeur de la Section technique automobile, que les décisions ci-dessus ont été prises. Le Congrès voudra évidemment en marquer l'intérêt en soumettant cet important travail à la considération de la Commission permanente que réclame avec raison M. Sauvage.

Première conclusion. — Je propose que la Sous-Section se rallie, en ce qui concerne l'industrie automobile, aux conclusions du rapport de M. Sauvage sur l'unification et l'étalonnage des éléments des constructions industrielles ; ces conclusions sont les suivantes :

Le Congrès demande à la Société d'Encouragement pour l'Industrie nationale et à la Société des Ingénieurs civils de s'entendre pour constituer, en faisant appel au besoin à d'autres grandes Sociétés techniques, une Commission permanente pour l'étude des unifications industrielles. Cette Commission tenant compte des travaux déjà effectués à cet effet, et notamment de l'œuvre de l'Engineering Standard Committee, déterminerait les questions à étudier et leur ordre d'urgence et constituerait pour ces études des sous-commissions spéciales en faisant appel aux principaux intéressés. La Commission aurait à déterminer aussi la température d'étalonnage des calibres, en supprimant toutes les désignations basées sur d'anciennes mesures non métriques.

D'autre part, le Congrès fait appel à l'Etat pour qu'il favorise les unifications industrielles en autorisant ses agents à prêter leur concours aux Commissions d'études, en contribuant aux frais d'études, en adoptant le plus largement possible dans ses ateliers et pour ses commandes les règles tracées par la Commission permanente. Il adresse le même appel aux diverses sociétés techniques, aux syndicats industriels, aux grandes administrations pour obtenir leurs concours le plus étendu possible et sous toutes les formes, dans l'élaboration puis dans la mise en pratique des règles.

B. — Charge limite par essieu des véhicules de poids lourd.

La charge-limite imposée jadis par l'autorité militaire dans les concours de véhicules industriels et les prescriptions administratives relatives au même objet, ne répondent pas aux besoins de l'industrie. Cette question a été longuement étudiée lors des différents Congrès internationaux de la route. L'Administration des Ponts et Chaussées a admis le principe, au deuxième Congrès de Bruxelles, que la route était garantie contre une usure anormale par la seule limitation de la vitesse maxima et de la charge unitaire par centimètre de section linéaire du bandage en contact du sol. Pour les transports en commun et pour les transports industriels, cette charge unitaire a été fixée à 150 kilogrammes par centimètre avec la restriction que pour les transports en commun, la vitesse maxima-limite serait de 25 kilomètres par heure et que le poids de l'essieu le plus chargé ne dépasserait pas 4 tonnes. Pour les transports industriels, que la vitesse maxima serait de 20 kilomètres par heure avec le poids de l'essieu le plus chargé limité à 4 t. 5, et à 12 kilomètres par heure avec le poids de l'essieu le plus chargé limité à 7 tonnes. Il est d'ailleurs entendu que la charge unitaire de 150 kilogrammes par centimètre se comprenait pour roues de 1 mètre de diamètre et que sous réserve d'expériences ultérieures et pour des roues d'un diamètre plus grand, la charge serait calculée par la formule $C = 150\sqrt{D}$ où D est la longueur du diamètre exprimée en mètre et C la charge exprimée en kilogrammes.

Deuxième conclusion. — La Sous-Section considère qu'en vue de garantir la route contre une usure anormale, il y a lieu d'imposer aux véhicules de poids lourd une charge limite par centimètre de section linéaire du bandage en contact du sol, et que pour fixer le taux de cette charge-limite et l'influence du diamètre de la roue sur ce taux il y a lieu de demander à l'Etat de poursuivre en collaboration avec les Chambres syndicales de la construction automobile des expériences d'usure méthodique de la route.

C. — Enseignement professionnel et technique.

La question de l'enseignement professionnel et technique intéresse au plus haut point l'industrie automobile. La formation des ouvriers et des contremaîtres a retenu l'attention des constructeurs et certaines usines ont déjà créé des ateliers d'apprentissage et organisé des cours théoriques pour les jeunes ouvriers.

La création d'une école de contremaîtres ou chefs d'ateliers spécialistes de l'industrie automobile, dotée d'un outillage perfectionné et d'un laboratoire d'essai de matériaux et de moteurs, rendrait d'inappréciables services à cette industrie. Il appartient aux Chambres syndicales de la construction automobile et aux groupements qui ont le désir très louable de favoriser le développement de cette industrie, de créer une telle école. Il n'appartient pas à la Sous-Section de fixer les éléments d'un programme de cours, mais en cette circonstance, elle signale et affirme l'intérêt qu'elle porte aux travaux de la Section qui s'occupe de l'enseignement professionnel et technique dans ses applications spéciales aux travaux de l'industrie automobile.

CHAPITRE II

Questions économiques.

Les questions économiques qui intéressent au plus haut point l'avenir de notre industrie sont :

1° L'étude de nouveaux tarifs douaniers dès la cessation des hostilités ;

2° Les mesures à prendre pour empêcher l'avilissement du marché par les véhicules de toute espèce actuellement en service aux armées.

L'industrie automobile, en effet, a été entièrement détournée de son but normal par suite de l'état de guerre; la plupart des usines s'étant consacrées plus ou moins complètement à la fabrication des munitions, les stocks, tant en matières premières qu'en pièces restant en magasin, à l'état brut ou usinés, étant pour ainsi dire inexistants dès 1916.

Il sera donc très difficile à nos constructeurs de lutter pendant les premiers mois qui suivront l'arrêt des hostilités et la reprise des affaires contre les concurrents qui sont prêts à reprendre une importation intensive.

C'est ici que doit se manifester l'action de l'État. Nous ne sommes pas partisans *à priori* de faire intervenir des règles étatistes dans l'industrie française quelle qu'elle soit et dans l'industrie automobile en particulier qui a su vivre et se développer avec toute la rapidité et l'importance que l'on sait, sans avoir à réclamer le secours de l'État.

Toutefois, les constructeurs d'automobiles ont une rude tâche à remplir pour remettre leurs usines en état de fonctionner comme en 1913; une partie du personnel ouvrier est dispersé; il y aura un chômage inévitable lors de la reprise des affaires normales. Il est à craindre que les constructeurs étrangers ne profitent de cette situation pour s'assurer le marché français avant que nos nationaux aient pu rentrer en relations d'affaires avec leur clientèle. Cette clientèle est non seulement nationale; elle est également étrangère.

Nos constructeurs avaient assuré la suprématie incontestable de nos voitures de luxe, notamment dans l'Amérique du Sud, si riche champ d'exploitation publique. L'industrie automobile est inexistante dans ces pays où le luxe est une nécessité du climat et le résultat immédiat des affaires importantes qui s'y traitent.

Pour remédier à cette situation, il est certain que la revision de nos tarifs douaniers s'impose. Tout le monde est d'accord pour reconnaître que, dans le cas de l'industrie automobile en particulier, la classification des tarifs actuels répond très mal aux caractéristiques et aux besoins de la construction moderne.

Plusieurs très bons esprits estiment qu'à l'exemple des autres nations productrices d'automobiles, il serait utile pour notre pays de modifier complètement la classification actuelle en adoptant une autre base de taxation, par exemple en adoptant la taxe *ad valorem* au lieu de la taxation spécifique qui est inscrite dans le tarif général des douanes actuel.

La Chambre syndicale des Constructeurs d'automobiles a présenté au ministère du Commerce une échelle de taux de droits d'entrée dont le tarif le plus élevé s'appliquerait aussitôt après la clôture des hostilités et périodiquement se modifierait au fur et à mesure de la rénovation de l'industrie française. Elle a été ainsi amenée à considérer trois périodes :

PREMIÈRE PÉRIODE. — **Les douze premiers mois, tarif proposé :**

N°	DÉSIGNATION DES ARTICLES	UNITÉS SUR LESQUELLES PORTENT LES DROITS	DROITS (DÉCIMES COMPRIS)	
			Tarif général.	Tarif minimum.
614 *ter*	Voitures automobiles (1) . . . . Châssis avec ou sans moteurs, avec ou sans carrosserie, carrosserie pour voitures automobiles finie ou non, pour : Transport des marchandises. . . . . Transport des personnes. . . . . . . Motocyles à 2 ou 3 roues . . . . Rien à changer au reste de l'article.	Valeur	70 % — —	70 % — —

(1) Les pneumatiques sont taxés séparément au droit du N° 620.

DEUXIÈME PÉRIODE.

Du 13e au 24e mois, après la cessation des hostilités, tarif proposé :

N°	DÉSIGNATION DES ARTICLES	UNITÉS SUR LESQUELLES PORTENT LES DROITS	DROITS (DÉCIMES COMPRIS)	
			Tarif général.	Tarif minimum.
614 *ter*	Voitures automobiles (1) . . . . Châssis avec ou sans moteur, avec ou sans carrosserie, carrosserie pour automobiles finie ou non, pour : Transport des marchandises. . . . . — des personnes. . . . . . . Motocycles à 2 ou 3 roues. . . . . . . Rien à changer au reste de l'article.	Valeur	40 % — —	40 % — —

(1) Les pneumatiques sont taxés séparément au droit du N° 620.

TROISIÈME PÉRIODE. — **Tarif normal à partir du 25e mois.**

N°	DÉSIGNATION DES ARTICLES	UNITÉS SUR LESQUELLES PORTENT LES DROITS	DROITS (DÉCIMES COMPRIS)	
			Tarif général.	Tarif minimum.
614 *ter*	Voitures automobiles (1) . . . . Châssis avec ou sans carrosserie, avec ou sans moteur, carrosserie pour automobiles finie ou non, pour : Transport des marchandises. . . . . — des personnes. . . . . . . Motocycles à 2 ou 3 roues	Valeur	25 % 30 % 30 %	20 % 25 % 25 %
	Rien à changer au reste de l'article.			

(1) Les pneumatiques sont taxés séparément au droit du N° 620.

En ce qui concerne les pièces détachées, il serait bien entendu qu'elles subiraient le même tarif que les véhicules complets, ce qui ne semble pas être pratiquement le cas en ce moment.

Ces conclusions, qui sont celles étudiées par la Chambre syndicales des Constructeurs d'automobiles et qui ont été soumises à M. le Ministre du Commerce, seraient utilement appuyées par le Congrès général du Génie civil et c'est pourquoi je propose la conclusion suivante :

Troisième conclusion. — La Sous-Section estime que le Congrès doit appuyer auprès des Pouvoirs publics les propositions faites par la Chambre syndicale des Constructeurs d'automobiles relatives au relèvement des tarifs douaniers à la cessation des hostilités.

La démobilisation des voitures automobiles est une question particulièrement grave pour les intérêts de l'industrie française.

Celle-ci redoute, à juste titre, un arrêt brusque de sa fabrication entraînant un chômage du personnel par suite de l'afflux brusque sur le marché de véhicules de toute nature, il semble que le Congrès ne puisse intervenir pour proposer une solution. En fait, la vente des voitures réformées est déjà commencée et la section ne peut que souhaiter qu'un accord existe toujours entre les constructeurs et l'Administration de la Guerre; toutefois, il me semble qu'elle pourrait appuyer auprès des Pouvoirs publics une proposition faite par la Chambre syndicale des Constructeurs, concernant les véhicules de provenance étrangère et c'est pourquoi je propose la conclusion suivante :

Quatrième conclusion. — La Sous-Section émet l'avis formel que l'Administration militaire étudie le moyen de conserver tous les véhicules de provenance étrangère qu'elle a dû commander au cours de la guerre pour parer à des besoins que les constructeurs d'automobiles français ne pouvaient satisfaire immédiatement, faute de mesures utiles prises dès le temps de paix. Il serait profondément injuste que leur mise en vente après la guerre créât ainsi une concurrence à notre industrie nationale.   *Signé :* G. Lumet.

Les première, deuxième et troisième résolutions du chapitre Ier ont été adoptées par la Xe Section, à sa séance du 25 février 1918. Il en a été de même de la quatrième conclusion du chapitre II, page 12.

Ont été réservées les questions relatives au tarif douanier, conformément aux instructions du bureau du Congrès.

Le 25 février 1918.
Le Président de la Xe Section,
F. Mainié.

Président : M. GARIEL

RAPPORT

de M. Henri DEFERT

SUR

LES USINES HYDRO-ÉLECTRIQUES ET LA CONSERVATION DES SITES

Le développement économique de notre pays met en présence deux industries qui intéressent également son avenir : l'industrie de la houille blanche qui, depuis la guerre et pour les besoins mêmes auxquels il faut chaque jour pourvoir, a pris un rapide et considérable essor ; l'industrie du voyage qui, avant la guerre, commençait à s'organiser et qui, la paix venue, est appelée à devenir une des branches les plus productives de l'activité nationale.

Ces deux industries se rencontrent sur le même terrain et s'y heurtent quelquefois, l'une cherchant à exploiter toute la force qu'il est possible de tirer de nos cours d'eaux, l'autre attachant le plus grand prix à la conservation de tout ce qui constitue un des éléments du site ou du paysage et concourt à son agrément ; ce qui, pour résumer la situation dans une formule concrète et par cela même saisissante, met en face l'une de l'autre « l'usine-force » et « l'usine-beauté ».

De ce contact jaillit trop souvent le conflit. L'industriel qui veut aménager un cours d'eau pour construire une usine, créer une chute, en transformer l'énergie et distribuer ensuite cette énergie sous ses diverses formes, a une tendance instinctive à tirer tout le parti possible, et avec la moindre dépense, de la force dont il dispose, sans autre considération que son propre intérêt.

De son côté, le touriste, ami de la nature, qui voit sacrifier à des intérêts particuliers un des éléments de cette beauté qu'il considère, non sans raison, comme un bien de la communauté humaine, s'indigne contre l'injure faite à l'objet de son culte et fulmine contre les méfaits de l'industrialisme qui ne respecte rien.

Le conflit va-t-il dégénérer en duel, en un duel à mort qui laissera l'un des antagonistes seul maître du terrain, avec la liberté de tout faire ou de tout empêcher ?

Ce serait grand dommage pour la collectivité et l'intérêt général en serait gravement lésé. Cet intérêt commande, au contraire, de chercher un terrain d'entente où, par des concessions réciproques, les parties puissent se supporter l'une l'autre, sinon même vivre en harmonie, et, dans tous les cas, garder chacune au soleil la place qui lui est légitimement due.

Cette entente est-elle réalisable ? Est-il possible de concilier les deux intérêts en présence ?

La question mérite toute l'attention du Congrès. Elle a déjà fait dans la Revue du Touring-Club l'objet de plusieurs études qui l'ont envisagée sous ses différents aspects. Si les conclusions auxquelles nous sommes arrivés pouvaient être adoptées par le Congrès, cette consécration ne manquerait pas d'avoir pour effet d'établir entre l'industrie de la houille blanche et celle du Tourisme un *modus vivendi* qui assurerait leur développement parallèle et permettrait de mettre en même temps en valeur deux des plus précieux éléments de la prospérité générale.

Que faudrait-il pour atteindre ce résultat doublement désirable ?

Un peu de bonne volonté d'abord, et des égards réciproques de la part des uns et des autres, industriels et touristes ; puis, de la part des pouvoirs publics et des administrations qui les représentent, le souci constant de concilier les intérêts en présence, d'assurer à chacun la protection qui lui est due.

Quelques explications sont ici nécessaires.

Si l'on se place au point de vue du péril que la houille blanche fait courir au tourisme par les modifications qu'elle apporte dans la physionomie des sites et paysages, on arrive à la considérer sous trois aspects différents, du moins en ce qui concerne les usines d'électricité : création de la chute, établissement de l'usine, ouvrages de distribution.

Les usines de métallurgie, d'électrochimie et d'autres présentent, de leur côté, l'inconvénient des fumées plus ou moins attentatoires à la pureté de l'air et délétères pour la végétation.

Création de la chute ou, plus exactement dérivation des eaux. — Les travaux ont pour premier effet d'assécher la rivière ou le torrent sur une partie plus ou moins considérable de son cours ; d'où suppression de deux des éléments essentiels du paysage, la fraîcheur qui entretenait la flore, la vie qui chantait au creux de la gorge ou du vallon. Ils entraînent ensuite, nouvelle offense à la nature, la pose d'affreux tuyaux rampant sur le sol ou dévalant le long des pentes.

Eh bien ! est-ce qu'avec un peu de bonne volonté, au prix d'un léger effort, les travaux de dérivation ne pourraient pas, dans la plupart des cas, sinon même dans tous, être conçus de telle sorte que les retenues nécessaires à la réalisation du débit de la chute laissent à leur cours naturel, au moins pendant la saison du tourisme, un volume d'eau suffisant pour alimenter le torrent ou la cascade ? Ce lac aux eaux limpides, dans lequel on veut dériver un fleuve pour en faire un énorme réservoir, ne pourrait-on l'utiliser sans en altérer le cristal, sans modifier trop sensiblement le plan d'eau, de façon à respecter la physionomie générale du site ?

Est-ce donc chose impossible de faire de pareils travaux sans déshonorer la nature ? Que cela soulève parfois de délicats problèmes, nul n'y contredira, mais il n'est pas de difficultés dont l'ingéniosité de nos ingénieurs ne puisse venir à bout s'ils veulent bien s'en donner la peine.

Capter un torrent pour en utiliser la force est faire œuvre de science ; c'est faire œuvre d'art de le *bien* capter en causant à la nature le moindre dommage, et en accordant les convenances de l'industriel avec les *desiderata* du touriste.

Nul doute que dans cet ordre d'idées, nos ingénieurs ne soient à même de faire des merveilles pour peu que leur amour-propre s'en mêle et qu'ils mettent quelque coquetterie à trouver dans chaque cas particulier la solution élégante.

D'autre part, quoi de plus facile que de dissimuler les canalisations, de les couvrir d'un manteau de feuillage ou d'un masque de verdure, qui les laisse à peine soupçonner. La guerre ne va-t-elle pas faire de nous des maîtres ès arts du camouflage pour qui habiller des tuyaux ne sera qu'un jeu d'enfant, à la condition qu'on ne se laisse pas absorber tout entier par des préoccupations d'ordre purement industriel.

Usine. — A qui fera-t-on croire qu'il ne soit pas toujours possible de marier l'édifice avec la nature, de le fondre dans l'ensemble, de faire en un mot que les batiments ne blessent pas inutilement la vue. Avec les précautions nécessaires, l'accoutumance aidant, on acceptera leur présence, comme on a fait jadis pour le moulin qui, lui aussi, dans les débuts, a dû faire tache dans le paysage, mais qui, avec le temps, s'y est si bien incorporé que plus d'un souvent est tenté de regretter sa disparition.

Ingénieurs hydrauliciens, on ne vous demande pas de vous muer en architectes paysagistes, on vous demande seulement de ne pas déparer la nature, afin qu'on ne puisse pas dire qu'il y a en France d'autres vandales que ceux qui saccagent aujourd'hui ses plus riches **contrées**.

Distribution d'énergie. — C'est l'invasion des fils, poteaux, pylônes, filets protecteurs et autres ouvrages le long des routes ou sur les terrains avoisinants, et cela n'est pas fait précisément pour le plaisir des yeux.

Il est cependant possible, avec un peu de soin et d'étude, d'installer ce peu esthétique matériel en pleine nature, sans la trop défigurer. Comme en toute chose, il y a la manière. Si on procède comme on l'a fait dans certaines vallées pyrénéennes (haute-vallée de l'Aude notamment), on aboutit à des résultats déplorables : fils distributeurs passant et repassant sans raison sérieuse d'un côté de la route à l'autre, supports plantés çà et là comme au petit bonheur, sans souci de la gêne qui peut en résulter pour la circulation générale, ni de l'effet disgracieux produit.

C'est là que les pouvoirs publics et les administrations qui les représentent ont le devoir de faire sentir leur action tutélaire. La loi du 15 juin 1906 a institué le contrôle de la construction et de l'établissement des lignes de transport de force; des décrets ont organisé ce contrôle et déterminé les formes de l'instruction des projets et de leur approbation, ainsi que *les conditions générales et d'intérêt public* auxquelles doivent satisfaire les ouvrages de distribution.

En fait, il est vrai, et dans la pratique courante, la pose des poteaux et des lignes précède le plus souvent l'approbation des projets, si bien que le contrôle se trouve, quand il intervient, en face du fait accompli. Il ne tient qu'à lui de se montrer plus ferme et de faire des exemples qui feraient justice de tant de sans-gêne et assureraient pour l'avenir l'observation de la loi.

On objectera peut-être qu'il s'agit d'un contrôle purement technique. Alors, qu'on le complète, en lui donnant le pouvoir de surveiller la plantation des ouvrages de distribution au point de vue du respect dû au paysage qui, lui aussi, est une *valeur* digne d'être protégée.

Fumées. — Si l'on n'a pas encore découvert le moyen de les supprimer complètement, il existe au moins des procédés connus pour en atténuer les effets incommodes ou dommageables, et ces procédés, l'autorité publique est armée du droit de les imposer aux usiniers, à ceux du moins dont les usines rentrent dans la catégorie des établissements classés.

Là encore, que ne fait-on toujours le nécessaire ?

Ajoutez à cela qu'en dehors des régions où tourisme et houille blanche doivent s'accommoder au prix de concessions réciproques, il en est quelques-unes qu'il convient de réserver exclusivement au tourisme. Ce sont celles dont la beauté légendaire constitue une richesse nationale et ne doit, de ce fait, subir aucune atteinte. Tel, par exemple, le Désert de la Grande Chartreuse où il est question de l'aménagement d'une chute par dérivation du Guiers-Mort. Là encore, là surtout, pouvoirs publics et administrations ont le devoir strict de résister à toute entreprise de cette nature sous quelque aspect qu'elle se présente, parce que c'est la fortune même de la France qui est en jeu et qu'on ne saurait la sacrifier à des intérêts particuliers.

Telles sont dans leurs grandes lignes quelques-unes des questions sur lesquelles il serait désirable de voir « entrer en propos » les représentants autorisés des divers intérêts en présence.

Un grand pas vient déjà d'être fait, grâce à l'accord intervenu entre le Comité des forces hydrauliques et le Touring-Club de France pour la constitution d'une Commission mixte dans laquelle l'élément industriel et l'élément touriste vont se rapprocher l'un de l'autre, — en attendant qu'ils se combinent, — pour causer des projets d'installation d'usines et de distributions électriques et rechercher les moyens de concilier les besoins de l'industrie avec la sauvegarde des sites et paysages.

De cette entente cordiale, basée sur une bonne volonté mutuelle, il est permis d'espérer d'heureux effets, voire des résultats appréciables; cela peut être le moyen d'obtenir le camouflage de ces affreux tuyaux qui dévalent le long des versants, de ces siphons monstrueux dont le tortueux profil suffit pour gâter un point de vue ou déshonorer un site, l'habillage des bâtiments d'usines en harmonie avec le milieu dans lequel ils se trouvent, l'installation plus judicieuse et moins dommageable des ouvrages de distribution, en un mot et d'une façon générale, d'accorder la mise en valeur d'une région avec le maintien de son caractère pittoresque et la conservation de ses beautés naturelles.

C'est le but que s'est proposé le Gouvernement belge en adjoignant, par décret royal du 29 mai 1912, à la Commission des Monuments Historiques de Belgique, une Section des Sites, avec mission d'examiner les projets de travaux susceptibles d'entraîner la destruction de curiosités naturelles ou de déparer des sites intéressants. Caractère officiel à part, la Commission fera la même besogne et rendra dans bien des cas de réels services.

Toutefois, on n'aboutira jamais par là qu'à des solutions d'espèce et nécessairement fragmentaires. Il en sera de même, d'ailleurs, après le vote des lois à l'étude depuis plus de quinze années, — si elles doivent jamais être votées, — qui, pour les usines hydrauliques établies sur des cours d'eaux du domaine public, comme sur les rivières non navigables, ni flottables, comprennent la protection des paysages parmi les intérêts généraux dont le cahier des charges de toute concession devra assurer la sauvegarde. Chaque cas particulier donnera lieu à une recherche des sujétions à imposer à l'usinier pour que la mise en valeur du cours d'eau ne porte pas atteinte à l'esthétique du paysage, ou tout au moins ne lui cause que le moindre dommage,

Ce sera déjà, nous le répétons, un progrès considérable sur l'état actuel des choses, une garantie pour le tourisme dont nous ne méconnaissons pas la valeur; mais il est permis de se demander s'il n'y a pas plus et mieux à faire, s'il ne conviendrait pas d'envisager le problème d'une façon générale et dans toute son ampleur, et de rechercher une solution d'ensemble qui donnerait plus complète satisfaction à tous les intérêts.

Quel est-il donc ce problème? Il est des plus simples à formuler et les données en sont dans tous les cas identiquement les mêmes. D'un côté, l'industrie, intéressée à prendre pour ses besoins tout le volume des cours d'eau et qui, le prenant tout entier, trouve encore qu'elle n'en a pas assez; de l'autre le tourisme, qui ne veut pas que des captages et des dérivations utilitaires viennent gâter son plaisir en supprimant dans le paysage ce qui en fait le mouvement, la couleur et la vie.

N'y aurait-il pas moyen de donner satisfaction aux appétits des uns comme aux désirs des autres par un meilleur aménagement de nos rivières et de nos cours d'eaux?

Plus que tout autre pays du monde, la France est dotée par la nature de ressources hydrauliques qu'elle laisse perdre en prodigue, quand il lui serait si facile de faire des économies en constituant des réserves sur des points judicieusement choisis. Touristes et usiniers y trouveraient leur compte, chacun aurait ce qu'il désire, si de puissants emmagasinements appropriés à chaque région permettaient d'assurer le débit constant et régulier, aussi bien de l'eau qui fait tourner la turbine que de celle qui chante au creux de la gorge ou du vallon.

Une telle conception implique sans doute une masse considérable de travaux avec une grosse dépense. Mais qu'importe, si la dépense doit être productive ; on n'en pourrait pas dire autant de beaucoup d'autres plus considérables encore, où l'intérêt général n'a eu qu'une faible part et a plutôt servi de couverture à des intérêts particuliers, comme celles faites, par exemple, à coup de subventions semées à pleines mains pour nos ports de commerce, sans que cette pluie de largesses — plus ou moins intéressantes ou intéressées — nous ait procuré le bénéfice d'un seul grand port à la hauteur, avant la guerre, des modernes constructions navales et, depuis, des nécessités de notre propre ravitaillement.

Il y a là pour l'exploitation de nos montagnes, au double point de vue de l'industrie hydraulique et du tourisme, tout un plan d'organisation, tout un programme de grands travaux dont le Congrès assurément ne saurait aborder l'étude. Il suffit qu'il en reconnaisse l'utilité pratique, la réalisation possible et qu'il émette à ce sujet un vœu de principe. L'idée fera ensuite son chemin jusqu'aux pouvoirs publics, auxquels il incombera de prendre les mesures propres à la faire passer dans le domaine des faits.

En instituant une Sous Section du Tourisme, les organisateurs du Congrès ont clairement indiqué que l'industrie du voyage avait à leurs yeux sa place marquée parmi les grandes industries du pays. Ce sera répondre à cette pensée, dont nul ne saurait contester la justesse, que de s'attacher à lui conserver l'aliment qui la fait vivre et dont elle tire sa substance, en exprimant comme conclusion de son étude de la question qui fait l'objet de ce rapport un double vœu que l'on pourrait ainsi formuler :

Le Congrès émet le vœu :

1° Qu'une entente bénévole s'établisse entre les exploitants des forces et des beautés naturelles du territoire national également intéressés à l'utilisation des unes et à la conservation des autres et, qu'à l'exemple du Comité des forces hydrauliques et du Touring-Club de France, l'institution de Commissions mixtes d'étude des projets de dérivation de cours d'eaux et de constructions d'usines soit généralisée entre les divers groupements intéressés ;

2° Qu'il soit procédé à une étude d'ensemble pour l'aménagement en montagne sur des points bien choisis de barages et réservoirs propres à régulariser le débit des rivières et à rendre ainsi possible une meilleure et plus complète utilisation des forces hydrauliques du pays, tout en assurant la sauvegarde de ses beautés naturelles.

Président : M. Suss.

RAPPORT

de M. Albert HENRY

SUR LES

MOYENS PROPRES A FACILITER LA CRÉATION DES EMBRANCHEMENTS PARTICULIERS PLUS QUE JAMAIS INDISPENSABLES POUR L'EXPANSION INDUSTRIELLE EN PRÉSENCE DE LA PÉNURIE DE MAIN-D'ŒUVRE.

Depuis de longues années, la nécessité des embranchements particuliers, lesquels permettent au chemin de fer d'apporter directement dans l'usine même les marchandises qu'il transporte, s'affirme de plus en plus en raison des avantages nombreux qui en résultent.

D'abord, pour le public, en général, qui se ressent toujours des résultats d'une meilleure utilisation du matériel, d'où qu'elle vienne, puisque c'est un moyen d'en mettre ainsi beaucoup plus à sa disposition quand il en demande ;

Pour l'industriel lui-même, qui n'a plus à effectuer un camionnage coûteux et qui reçoit ou expédie directement sa marchandise sur wagon en évitant ainsi un transbordement en gare qui peut nuire à la qualité de ses matières premières ou de ses produits ;

Pour le service vicinal, qui ne voit plus ses routes défoncées par des charrois nombreux et lourds, ce qui lui évite des travaux d'entretien considérables. Et même, si ces derniers étaient couverts par les subventions industrielles, c'est toujours autant de gagné qui trouvera son application utile ailleurs, surtout qu'il n'y a jamais trop de capitaux pour l'industrie ;

Pour le chemin de fer lui-même, qu'il soit géré directement par l'État ou par un concessionnaire, en ce sens qu'il n'aura plus autant à étendre les cours de débord ainsi que les voies de manutention et d'attente dans des endroits où le terrain, qui fait souvent défaut, est, en tous cas, toujours excessivement cher.

La question avait déjà pris une ampleur de plus en plus grande, avec le temps, au moment où la guerre a été déclarée.

La France participait alors au vaste mouvement industriel qui enveloppait le monde entier et où elle avait tant de droits à maintenir sa place légitime, fruit de son génie inventif et de son esprit d'adaptation : de nouvelles usines surgissaient un peu partout et, comme on se préoccupait de plus en plus de la possibilité de donner aux ouvriers plus de bien-être et d'hygiène, on arrivait ainsi à envisager la création d'industries dans des endroits quelque peu déserts et assez éloignés du chemin de fer, car c'était le seul moyen d'avoir toute la place et tout l'air respirable nécessaire, bien qu'on perdît ainsi la possibilité de s'agrafer, pour ainsi dire, à l'instrument de transport indispensable.

Autour des gares, en effet, qui ont naturellement constitué des centres d'attraction pour le commerce et l'industrie, s'étaient vite entassées, les unes sur les autres, les constructions de toute nature qui forment aujourd'hui comme un rempart infranchissable.

Et, où la construction n'est pas venue, un autre obstacle au rattachement direct de l'usine au chemin de fer n'en existe pas moins par la multitude des petits lopins de terre appartenant à des propriétaires qui, se fondant sur l'impossibilité pour l'industriel de recourir à l'expropriation, se cantonnent, pour une raison ou pour une autre, dans leurs refus intransigeants.

Chose plus curieuse encore, ce sont quelquefois les industriels qui, sans être concurrents des nouveaux venus et tandis que cela ne les aurait nullement gênés, ont mis très peu de bonne volonté à laisser s'installer d'autres raccordements, tant le plus fâcheux souvenir des résistances qu'ils avaient rencontrées eux-mêmes pour établir leurs propres voies ferrées, leur fait faire sourde oreille à toute proposition.

Il ne faut donc pas aller jusqu'au particularisme industriel qui se traduit par cette maxime bien néfaste que : « pour faire ses affaires, il faut avant tout empêcher celle des autres », pour trouver des entraves à la réalisation de bien des entreprises pourtant très intéressantes pour le bien commun.

L'obstacle surgit encore lorsqu'il s'agit de traverser une route avec l'acquiescement de l'administration gérante.

La route s'armera facilement des règlements qui remontent bien avant la Révolution et qui n'ont pas été rajeunis pour l'ensemble du domaine public auquel ils s'appliquent, mais seulement par-ci par-là pour telle ou telle catégorie, comme par exemple pour son frère puîné le chemin de fer.

La permission de voirie nécessaire à la traversée d'un chemin pour un tiers (et l'embranchement n'est qu'une personne privée) découle, en effet, de règlements antérieurs à 1789 et de règlements établis en conformité des lois du 29 floréal an X, 16 décembre 1811 ou 21 mai 1838 et 30 mai 1851, en vue d'assurer la facilité de la circulation et la conservation des routes.

La jurisprudence continue à s'inspirer de ces textes à défaut de statuts propres aux embranchements particuliers.

En ce qui concerne la voirie nationale et départementale, le préfet a tous pouvoirs pour refuser ou accorder les traversées demandées, et une circulaire, en date du 9 avril 1904, adressée par le ministre des Travaux publics à MM. les Préfets des départements ne laisse subsister aucun doute à cet égard, car elle porte explicitement :

« Lorsque la voie ferrée projetée n'empruntera la route que pour la traverser ou la longer sur une très petite longueur, le préfet pourra, réserve faite des résultats de l'instruction mixte, lorsqu'il y aura lieu d'y procéder, statuer sur la proposition des ingénieurs, sans en référer au ministre. »

Pour la petite voirie, qui se subdivise elle-même en voirie vicinale, voirie rurale et voirie urbaine, il est admis que le maire est seul qualifié pour accorder ou refuser l'autorisatiou sollicitée toutes les fois que la voie empruntée ou traversée a un caractère nettement communal.

Mais, en fait, comme les services de voirie (grande ou petite) sont, soit rattachés à l'administration des Ponts et Chaussées, soit confiés à un corps spécial d'agents voyers, c'est l'avis de ces derniers qui prédomine en l'espèce, de telle sorte que l'industriel se trouve ainsi livré à l'entière discrétion de fonctionnaires généralement peu enclins à accorder l'autorisation sollicitée : les uns puisent dans le sentiment de la conservation de la chaussée les arguments nécessaires pour résister à l'installation nouvelle ; les autres invoquent que ce serait détourner au profit d'intérêts particuliers le patrimoine de la collectivité.

Toujours est-il, enfin, que ces fonctionnaires font toujours une assimilation tout à fait extraordinaire entre les traversées à niveau des routes par les lignes de chemins de fer et les traversées à niveau par les embranchements particuliers.

Les premières, qu'on appelle « passages à niveau », et que les pouvoirs locaux sont bien obligés de supporter dans l'intérêt général, quand on ne peut faire mieux, présentent des sujétions évidemment très sérieuses, étant donné que la circulation sur le chemin de fer prime celle de la route, que les trains marchant à grande vitesse ont des horaires éparpillés dans toute la journée, qui nécessitent constamment la fermeture des barrières, à des heures quelconques et quelquefois même au moment où la circulation se trouve très intense sur la route.

Les autres, les traversées à niveau des embranchements particuliers, qui ressemblent aux premières au point de vue technique, s'en distinguent considérablement par la moindre gêne qui en résulte, attendu que là il n'y a aucune question de service public ou de sécurité qui implique à la voie ferrée la priorité de la circulation. On vient, la plupart du temps, une fois par jour, deux ou trois fois au plus, faire passer à la fois tout le trafic de l'usine et on choisit pour cela les heures mortes au point de vue de la circulation de la route, par exemple le matin lorsque les charretiers sont encore occupés à soigner leurs attelages, l'heure n'étant pas encore venue d'aller dans les ateliers ou dans les cours P. V. qui ne sont pas encore ouvertes ; vers 12 ou 13 heures où la plupart prennent leur repas, le soir aussi, alors que les ateliers et les cours des gares sont fermés.

Grâce à ce rapide passage au travers de la route, qui dure quelques minutes pour alimenter l'usine la plus importante dans toute son intégralité, on évite la circulation d'une longue théorie de camions qui ont quelquefois à occuper les chaussées sur une longueur de plusieurs kilomètres, suivant la distance développée qui sépare l'usine de la gare la plus voisine, c'est-à-dire que la traversée à niveau, par son emploi précieux, permet de décongestionner la route au lieu de l'encombrer.

La traversée à niveau ne s'indique pas tant, en effet, par son installation même que par l'usage qu'on en fait et, par conséquent, les services routiers, au lieu de s'opposer à une traversée à niveau, devraient bien plutôt la demander en raison des économies d'entretien qui en résulteraient pour eux.

Mais il en est ici comme partout, celui qui est chargé de l'installation est forcément enclin à la développer : voilà pourquoi l'argument qui dit qu'utiliser une traversée à niveau c'est ménager la route, ne porte pas sur le chef de la voirie.

En résumé, c'est un fait que l'embranchement particulier devenait de moins en moins possible partout où l'industrie, le commerce et l'agriculture avaient commencé à prendre sérieusement racine, les premiers arrivants bouchant la place aux autres, partout où il y avait des chemins publics à traverser.

La situation va aujourd'hui devenir de plus en plus critique, avec la pénurie de main-d'œuvre qui affectera toutes les branches de la production nationale. On se préoccupe déjà de tayloriser toutes les branches d'industrie et c'est évidemment une excellente chose, mais l'homme ne peut être complètement écarté, ne fût-ce que pour la direction et la surveillance, et où le trouvera-t-on, si le peu de main-d'œuvre disponible est employée aux travaux accessoires de la manutention et des charrois.

La question des embranchements particuliers est donc, à l'heure grave du moment, une de celles qui doivent le plus attirer l'attention des Pouvoirs publics.

Constituant, d'après les lois actuelles, des propriétés privées, ils ne peuvent par conséquent faire fléchir devant eux les résistances qu'on voit si souvent naître, de tous côtés, de la part de propriétaires intransigeants, de concurrents malveillants ou d'administrateurs du Domaine public, peu enclins à voir ce qui se passe à côté d'eux.

La déclaration d'utilité publique viendrait aplanir toutes ces difficultés.

Mais alors, que fait-on du moyen offert par le chemin de fer industriel ?

Vraiment, il est si mal défini ce chemin de fer qui n'est venu au monde que bien difficilement en bien peu d'endroits : on n'a fait que le prévoir dans les lois du 12 juillet 1865 (art. 8), 11 juin 1880 (art. 22), du 31 juillet 1913 (art. 43), sans que jamais un texte législatif précis soit venu le réglementer.

Assimilé aux chemins de fer d'intérêt général, il entraîne le même appareil pour sa création, ce qui répugne à beaucoup étant donné le caractère très dissemblable des deux genres de voies ferrées.

Ce n'est donc que contraint et forcé par les circonstances qu'on y a eu recours et les exemples sont rares où il a surgi pour la desserte d'usines isolées : Forges de Denain et de Lourches, Usines de la Société anonyme des verreries et manufactures des glaces d'Aniche, etc. Pour ces dernières, le décret du 24 mars 1884 déclarant d'utilité publique le chemin de fer destiné à les relier à la station d'Aniche spécifie que ledit chemin pouvait, dès le début, être exclusivement affecté au transport des approvisionnements et produits des usines de ladite Société, le Gouvernement se réservant tout simplement la faculté d'exiger *ultérieurement, et si la nécessité en était reconnue après enquête*, l'établissement d'un service public quelconque.

Pour mettre un terme à toutes ces hésitations, toutes ces difficultés qui gênent et arrêtent l'éclosion [de tous ces petits chemins de fer devenus nécessaires plus que jamais, il semblait tout d'abord qu'on pourrait faire appel aux lois du 21 juin 1865 et 23 décembre 1888 sur les Associations syndicales qui seraient étendues au cas envisagé ; mais il va de soi que ce moyen n'aurait pas par lui-même pour effet de mettre fin à toutes difficultés. L'intérêt d'une modification de la législation actuelle n'existe en effet qu'autant qu'il s'agira d'associations syndicales autorisées dans lesquelles les dissidents sont liés (sauf les droits que leur confère l'article 14) par l'avis de la majorité.

La question d'autorisation préfectorale reste donc entière et il en.

est de même des recours admis contre l'arrêt préfectoral ou le décret rendu en Conseil d'État.

Il ne suffirait donc pas d'introduire dans le préambule de 'l'article 1er de la loi du 23 décembre 1888 au paragraphe 10 les mots « raccordement aux voies ferrées », pour pouvoir si facilement recourir à l'expropriation après déclaration d'utilité publique.

D'abord, les entreprises qui actuellement peuvent faire l'objet d'une Association syndicale ont pour but de réaliser des travaux de défense, de desséchement ou d'assainissement d'une partie de territoire, le curage de cours d'eau, le redressement ou le prolongement de chemins d'exploitation, etc., toutes entreprises présentant nettement le caractère de travaux publics.

Pour un embranchement particulier appelé à desservir des usines privées, ce caractère n'apparaîtrait pas d'une manière aussi tangible, quel que soit le nombre des usines considérées.

D'autre part, une Association syndicale ne peut être autorisée qu'à la condition d'obtenir l'adhésion d'une certaine majorité en nombre et en intérêt pour se conformer à cette exigence de la loi, le plan des travaux à soumettre à une enquête administrative doit indiquer le *périmètre* des terrains devant *bénéficier de l'entreprise ;* les propriétaires de ces terrains doivent ensuite faire connaître s'ils consentent à s'associer en vue de l'exécution du projet et ce n'est que lorsque les adhésions atteignent, en superficie et en intérêt, certaines proportions fixées par la loi que l'association peut être autorisée par le Préfet.

Cette formalité, qui permet d'arrêter les bases de la répartition des charges communes, risquerait de n'avoir plus de signification dans le cas d'un raccordement d'usines existantes ou à créer : au moins la conception du périmètre des terrains qui profiteront de l'entreprise pourrait bien donner lieu à des difficultés si on tient compte que ce périmètre est déterminé dans l'application de la loi de 1865-68, soit par la configuration naturelle du terrain, soit par la disposition des voies de communication antérieures dans le cas de la création de chemins d'exploitation.

Malgré que l'industriel pétitionnaire réunisse souvent la plus grande surface et par conséquent représente la majorité des intérêts en jeu, la fixation d'un périmètre resterait toujours dans ce cas une opération quelque peu arbitraire.

Il y a aussi à considérer une question de remembrement que ne vise pas la loi sur les Associations syndicales et qui peut précisément être solutionnée à l'occasion de cet embranchement particulier, en permettant de fondre ensemble un certain nombre de parcelles, de les diviser ensuite tout autrement pour rendre chacune d'elles beaucoup plus accessibles, eu égard à tous les moyens de communication existants ou en voie de création et de les rendre ainsi beaucoup plus à une utilisation industrielle et, par conséquent, en augmenter la valeur.

Bref, toutes ces considérations m'ont conduit à envisager la question sous une autre forme, en cherchant tout simplement par un texte législatif tout neuf à étendre nettement aux usines privées, dans l'intérêt national, le droit d'expropriation uniquement pour l'installation des voies ferrées nécessaires à leur fonctionnement.

Or, à l'heure actuelle, il ne paraît pas impossible d'obtenir un pareil résultat, car pendant ces derniers temps la conception de l'intérêt public a été sérieusement élargie.

N'en avons-nous pas la preuve dans la mise en valeur des chutes d'eau, aujourd'hui à l'ordre du jour, et qui a rencontré depuis longtemps des obstacles du même ordre que ceux dont nous cherchons à débarrasser les embranchements industriels : le Gouvernement, pour mettre fin à ces difficultés, a reconnu nécessaire de recourir à une loi nouvelle.

Les dispositions de la nouvelle loi seront applicables à toutes les usines hydrauliques, qu'elles fournissent de l'énergie à un service public ou qu'elles consomment elles-mêmes leur production, et cela, quelle que soit leur destination, à la seule condition d'avoir une importance suffisante.

L'intérêt économique d'un usine hydraulique, mesurée par sa puissance, doit donc, d'après cette conception nouvelle, suffire pour justifier la déclaration d'utilité publique. « La loi, dit l'exposé, va ainsi consacrer ce *principe que l'utilité publique peut être reconnue alors même que le travail n'a qu'une fin privée, dès que cette fin présente un intérêt national suffisant...* »

Cette nouveauté n'a rien de révolutionnaire.

De nos jours, n'exproprie-t-on pas déjà pour simple cause d'esthétique ?

Au surplus, la loi donne depuis longtemps à l'industrie minière le moyen de se procurer les terrains qui lui sont nécessaires.

Or, les établissements industriels qui nous occupent, disséminés sur tout le territoire, contribuent au développement de la richesse publique tout autant que les usines hydrauliques ou les centres miniers, qui n'existent qu'en des points où la nature les a fixés et l'État doit, à ce titre, aux premiers tout autant de sollicitude qu'aux seconds, surtout à l'heure actuelle, où notre industrie doit se préparer pour la lutte économique qui s'ouvre.

Il va de soi qu'on devra écarter, pour les embranchements particuliers, le régime de la concession, aussi gênant qu'inutile.

Un contrat de cette nature évoque, en effet, l'idée d'un ouvrage public que l'autorité concédante pourrait soit exécuter et gérer directement, soit déléguer à un entrepreneur, dans des conditions déterminées et comportant, notamment, le droit, pour celui-ci, d'exploiter et de percevoir, à titre de rémunération, une rétribution de ceux qui profitent de l'ouvrage ou du service public.

Ce n'est point le cas des embranchements particuliers. Ils sont et demeurent essentiellement propriétés privées, mais leur établissement n'en aura pas moins une répercussion favorable pour la collectivité par un de ces phénomènes d'incidence qui sont le propre de tous les faits économiques en raison du caractère d'interdépendance qui les lie, lequel fait qu'en somme l'intérêt public est d'autant mieux servi que les intérêts particuliers sont mieux sauvegardés.

Appuyons-nous donc sur la loi du 27 juillet 1880, qui revise la loi du 21 avril 1810 sur les mines et prévoit, en son article 43, la possibilité d'occuper et même d'acquérir, par simple autorisation donnée par arrêté préfectoral, les terrains nécessaires à l'établissement des chemins de fer desservant la mine. Les terrains ainsi acquis ne sont pas incorporés au domaine public et restent la propriété privée de la mine.

On trouvera là, en effet, par une affinité rationnelle, le moyen pratique d'arriver à l'exécution de tous les embranchements particuliers homologués en vertu de l'article 62 du cahier des charges, pour lesquels on n'aurait pu acquérir à l'amiable les terrains nécessaires.

Un décret déclaratif d'utilité publique, rendu en Conseil d'État, paraît devoir suffire, ce qui nous amène finalement à proposer le projet de loi qui suit.

PROJET DE LOI

ARTICLE PREMIER. — Peuvent être déclarés d'utilité publique à la demande des intéressés, et si l'intérêt économique de la Nation le justifie, et dans les conditions qui suivent, les embranchements particuliers préalablement autorisées en vertu de l'article 62 du cahier des charges des chemins de fer d'intérêt général ou de l'article 61 du cahier des charges type des voies ferrées d'intérêt local.

ART. 2. — L'utilité publique ne peut être accordée pour les embranchements indiqués ci-dessus qu'autant que les usines ou établissements qu'ils sont appelés à desservir satisfont à l'une des conditions suivantes :

a) Occuper à usage industriel, commercial ou agricole, une superficie, soit de 2 hectares à découvert ou de 1 hectare à couvert, soit l'équivalent par la somme des surfaces à couvert et à découvert, 1 hectare à couvert comptant pour 4 hectares à découvert ;

b) Occuper 50 ouvriers ou employés de l'un ou l'autre sexe ;

c) Disposer d'une force motrice de 100 chevaux-vapeur ou de 75 kilowatts ;

d) Avoir une concession pour un service public (national, départemental ou communal).

Art. 3. — La déclaration d'utilité publique a lieu après enquête, par un décret rendu en Conseil d'État.

Art. 4. — Lorsque l'utilité publique a été déclarée, il est procédé, conformément à la loi du 21 mai 1836, à l'expropriation des parcelles reconnues nécessaires à l'établissement de l'embranchement à l'exclusion des propriétés bâties.

Art. 5. — L'État se réserve d'étendre la déclaration d'utilité publique en faveur des embranchements qui viendraient se greffer sur celui préexistant ou qui seraient établis en prolongement de la même voie.

Le titulaire de la première voie d'embranchement, ne pourra mettre obstacle à .ces nouveaux embranchements, ni réclamer, à l'occasion de leur établissement, aucune indemnité quelconque, pourvu qu'il n'en résulte aucun obstacle à la circulation, ni aucun frais particulier pour lui.

Les divers embranchés auront la faculté, moyennant le remboursement de leur part dans les dépenses déjà engagées et à engager comme travaux de premier établissement, travaux complémentaires et travaux d'entretien, et comme frais d'exploitation, de faire circuler leur matériel ou celui appartenant aux grands réseaux de chemin de fer d'intérêt général ou d'intérêt local sur les divers tronçons ayant fait l'objet de déclaration d'utilité publique.

Dans le cas où les divers intéressés ne pourraient s'entendre entre eux sur la fixation de cette part, et les conditions d'exploitation communes, il serait statué sur les difficultés qui s'élèveraient entre eux à cet égard, par voie d'arbitrage, le tiers arbitre, s'il y a lieu, statuant en dernier ressort sans appel.

Art. 6. — Si l'État, le département ou la commune exigent une redevance, au seul cas, bien entendu, où il y aurait occupation du sol public, national, départemental ou communal, la totalité des redevances à réclamer annuellement ne pourra être supérieure aux sommes payées par l'industriel au chemin de fer comme frais de fourniture et d'envoi de matériel roulant sur l'embranchement.

Art. 7. — Un règlement d'administration publique indiquera sous quelle forme pourra être demandée et obtenue la déclaration d'utilité publique pour l'établissement des embranchements dont il s'agit, sans toutefois que l'élaboration de ce règlement soit suspensive de l'application immédiate de la loi, sous telle forme qu'il conviendra, et en tenant compte des circonstances jusqu'à l'apparition dudit règlement.

Le Rapporteur.

Président : M. le Colonel Renard.

RAPPORT

de M. R. SOREAU

SUR UN

Projet de Tunnel-Laboratoire
pour l'Etude des Moteurs d'Aviation

L'industrie aéronautique, si puissamment développée pendant la guerre actuelle, est au premier rang de celles dont il importe, à tous égards, de maintenir et d'assurer l'existence.

La Commission des Moteurs d'aviation s'est préoccupée d'étudier les voies et moyens les plus pratiques pour réaliser les perfectionnements des moteurs.

Elle a été frappée par le fait suivant: l'examen des avions capturés à l'ennemi a montré que, comme construction, ces avions et leurs moteurs sont inférieurs à ceux de l'industrie française; néanmoins ils atteignent généralement des plafonds au moins égaux. Cette contradiction ne peut s'expliquer que par une meilleure adaptation des moteurs allemands aux vols à grande altitude ou par l'emploi d'essence de qualité supérieure. Il semble que la première cause soit prédominante, opinion corroborée par cet autre fait que nos ennemis ont poussé beaucoup plus loin que nous l'étude expérimentale des moteurs aux altitudes élevées.

Nécessité de créer un tunnel-laboratoire.

D'après les renseignements recueillis, les Allemands ont construit des tunnels-laboratoires de grandes dimensions, l'un à Ludwigshafen, l'autre à Wiesbaden, dans les ateliers de deux importants constructeurs d'appareils frigorifiques. Cette circonstance indique que ces tunnels doivent être aménagés pour y produire non seulement de basses pressions, mais aussi de basses températures, et peut-être même les conditions météorologiques que rencontrent les avions dans les hautes régions de l'atmosphère. Ces stations sont utilisées constamment pour les recherches techniques ainsi que pour les essais des moteurs avant leur mise sur avions.

En France et chez nos alliés, rien de tel n'a été entrepris. Les laboratoires actuels ne sont aménagés que pour les expériences d'aérodynamique. Quant aux essais du Lautaret, ils ne sauraient être mis en regard des essais, et surtout des *recherches* que permettrait un laboratoire permanent, avec des pressions et des températures variant dans un champ étendu, en reproduisant les diverses conditions météorologiques (air très humide, gel, givre, neige, aiguilles de glace, etc.) qui exercent une si grande influence sur le fonctionnement du moteur et de ses accessoires.

La diminution de là pression atmosphérique quand l'altitude augmente n'est, en effet, qu'un des éléments du problème; c'est sans doute celui dont l'étude est la plus facile et réserve le moins de surprises. L'influence des basses températures, de l'état hygrométrique, des variations brusques résultant de plongées rapides, etc., est au moins aussi importante, car elle peut amener des perturbations profondes dans le fonctionnement du moteur, et même son arrêt.

Aussi la Commission a-t-elle été unanime à constater l'intérêt considérable, et même la nécessité de créer un tunnel de recherches pour que la France conserve le premier rang dans l'industrie aéronautique. Elle a estimé que cette nécessité est *urgente*, car il est d'un intérêt national évident que les enseignements ainsi obtenus soient mis à profit, si possible, pendant cette guerre.

Non seulement il en résultera une amélioration certaine et très importante dans le fonctionnement des types de moteurs actuels, mais encore un tel laboratoire aidera grandement à la réalisation des dispositifs dès maintenant envisagés pour combattre la diminution de la puissance aux hautes altitudes.

Dès la première séance de la Commission, M. Ch. Lambert communiqua les résultats qu'il a obtenus à l'Usine frigorifique militaire de la Villette, résultats démontrant par des faits l'intérêt considérable d'un tunnel où seraient réalisées de basses températures en même temps que de basses pressions. Il donna la description et les principales caractéristiques d'une telle installation. Il esquissa un programme général pour une étude commune à entreprendre par ce laboratoire, dans le but de déterminer les *coefficients pratiques* utilisables pour tous les constructeurs, qui auraient ensuite la possibilité de vérifier, par des essais sur leurs propres appareils, l'application qu'ils en auraient faite, aussi bien que leurs conceptions personnelles.

Cette discipline doit donner des résultats positifs dont M. Lambert souligne l'importance en citant ceux que la méthode expérimentale a permis d'obtenir dans des domaines semblables. Il estime qu'on peut réaliser ainsi un profit magnifique; il escompte même une augmentation importante de la puissance, à poids égal du moteur.

D'autre part, M. P. Clerget exposa des arguments convaincants sur la nécessité de construire un tunnel, et définit les principales conditions à remplir.

Avec les données actuelles, observe M. Clerget, les constructeurs sont arrivés à créer des types de moteurs qui donnent satisfaction au banc d'essai ; mais, entre' la date où ces moteurs sont au point dans les essais au banc et celle où ils le sont sur les avions, de longues périodes, dépassant parfois une année, s'écoulent en tâtonnements très onéreux sur le moteur même, sur le carburateur, les appareils de refroidissement et les dispositifs d'alimentation. Dans cette seconde mise au point, on en est réduit aux hypothèses. Avec les conditions de plus en plus dures qui s'imposent, et notamment l'augmentation de la puissance, ces procédés empiriques ne peuvent subsister, *sous peine de retards et de dépenses considérables.*

Le plus grand secours qui peut être apporté aux constructeurs, c'est de créer un laboratoire dans lequel les moteurs seront soumis, d'aussi près que possible, aux conditions diverses dans lesquelles ils se trouvent sur les avions en vol. Le moteur, actionnant son hélice, devrait être monté sur le fuselage avec tous ses appareils d'alimentation et de refroidissement, tels qu'ils fonctionnent en vol.

Avant-projet.

La Commission décida d'établir un avant-projet tenant compte des desiderata exprimés par ses membres et de l'adresser à tous les constructeurs intéressés, pour obtenir leur adhésion et leur aide pécuniaire. Elle en confia l'étude à MM. Lambert et Clerget.

L'avant-projet présenté comporte deux nouveautés intéressantes : 1° Le tunnel est à double enveloppe, de telle sorte que la partie annulaire serve au retour de l'air de ventilation ayant circulé dans la partie centrale, ce qui double le temps pendant lequel on peut effectuer le refroidissement ; 2° les dispositifs réfrigérants et frigorifiques ont été établis pour effectuer les essais dans un courant d'air dont la température peut atteindre —35° C, et pour maintenir la même température pendant vingt ou vingt-cinq minutes.

Le tunnel est en béton armé. Son enveloppe intérieure a 5 mètres de diamètre, son enveloppe extérieure 7 m. 50, sa longueur totale 150 mètres.

Le cylindre central constitue une immense chambre close et étanche où l'on peut fixer le moteur monté sur un fuselage avec son hélice et le faire fonctionner dans l'air raréfié à très basse température et sous des degrés hygrométriques variables. Il peut recevoir des moteurs jusqu'à 500 HP.

La somme totale à prévoir pour la construction et le fonctionnement du laboratoire pendant trois ans est, en chiffres ronds, de *1.500.000 francs,* sous réserve de revision.

Le rôle de la Commission ne peut que se borner à préparer la création d'un laboratoire de recherches, à obtenir l'adhésion de principe des industriels intéressés, et à demander au Congrès, fort de ces adhésions, d'intervenir près des Pouvoirs publics pour qu'ils concourent à cette création, dont la défense nationale sera la première à tirer profit, et qu'ils facilitent, en temps de guerre, l'approvisionnement des matériaux.

Si une telle création aboutit, la Commission des moteurs d'aviation du Congrès du Génie civil sera heureuse et fière d'en avoir été l'inspiratrice.

Le Président de la Commission,

R. SOREAU.

Résolutions et Vœux.

Considérant que l'industrie aéronautique est au premier rang de celles dont il importe, au point de vue de la défense nationale et de l'avenir industriel, de maintenir et d'assurer l'existence ;

Que l'étude expérimentale des moteurs dans les conditions de leur emploi est l'élément essentiel du perfectionnement des avions ;

Qu'une telle étude peut être faite très utilement dans un tunnel-laboratoire aménagé pour reproduire non seulement les basses pressions, mais encore, simultanément, les basses températures et les conditions météorologiques dans lesquelles fonctionnent les moteurs ;

Qu'il y a même une nécessité urgente et un intérêt national évident à ce que ce laboratoire soit construit de suite, afin que les enseignements à en attendre soient mis à profit, si possible, pendant la guerre actuelle, à l'exemple de ce qui a été fait en Allemagne ;

Que des constructeurs importants d'avions ont déjà donné leur adhésion de principe pour participer pécuniairement à la création d'un tel laboratoire privé, sur le vu de l'exposé qui leur a été remis et de l'avant-projet qu'a préparé la Commission des moteurs d'aviation ;

1º Le Congrès décide de transmettre cet avant-projet à la Chambre syndicale des industries aéronautiques en lui demandant de prendre l'initiative de constituer entre les constructeurs intéressés une société pour l'étude du projet et du devis définitifs, la passation des marchés, la gestion et la réglementation de l'établissement.

2º Le Congrès émet le vœu :

Que le ministre de l'Armement et le sous-secrétaire d'État de l'Aéronautique ainsi que le ministre des Finances en facilitent la création, dans l'intérêt de l'avenir de l'industrie aéronautique et dans celui de la défense nationale, qui sera la première à en bénéficier ; qu'à cet effet toutes facilités soient données pour l'approvisionnement des matériaux, machines, outillage et personnel nécessaires ; qu'une décision ministérielle autorise les constructeurs adhérents à porter en frais généraux les souscriptions qu'ils auront consenties pour la création et le fonctionnement dudit laboratoire (les dépenses sont actuellement évaluées à 1.500.000 francs, terrain non compris).

Président : M. le COMMANDANT CLOAREC.

RAPPORT

de M. KERZONCUF

SUR

L'INDUSTRIE DES PÊCHES MARITIMES
AU POINT DE VUE
DE SON DÉVELOPPEMENT ÉCONOMIQUE

Toute personne ayant suivi, dans ces dernières années, l'évolution de la pêche maritime et celle du commerce du poisson de mer a été douloureusement frappée par cette constatation que, tandis qu'un développement extraordinaire de cette industrie se produisait chez tous les peuples voisins de la France et en particulier en Allemagne, elle restait, au contraire, en ce pays, dans un état de stagnation profonde. La France avec ses 3.000 kilomètres de côte, avec ses nombreux havres ou petits ports de pêche, avec ses 130.000 inscrits maritimes vivant exclusivement de l'exploitation de la mer, se trouve pour cette industrie bien en arrière de nations plus défavorisées cependant sous tous ces rapports. Le matériel de pêche employé pour la capture du poisson est demeuré, en majorité, ce qu'il était depuis des centaines d'années, et le pêcheur continue encore la pratique de la pêche côtière, en s'obstinant à rechercher sur des fonds, épuisés depuis longtemps, des captures de plus en plus maigres et qui peuvent à peine lui permettre de pourvoir à sa subsistance et à celle des siens. Lorsque des essais d'emploi de chalutage à vapeur ont montré tout le parti qu'on pouvait tirer de ce mode de pêche, c'est avec hésitation que les pêcheurs se sont convertis à ce nouveau régime et celui-ci n'a pas pris toute l'extension qu'il eût pu et dû prendre, d'une part, à cause de ces hésitations des professionnels de la pêche et, d'autre part, parce que les Pouvoirs publics n'ont pas mis à sa disposition l'aboutissement auquel il devait tendre naturellement, c'est-à-dire le port de pêche moderne, bien outillé et servant de tête de ligne au transport du poisson dans l'intérieur du pays.

Nous examinerons brièvement chacun des obstacles ainsi dressés contre le développement économique de l'industrie de la pêche en France et nous nous efforcerons d'indiquer, dans chaque cas, le remède possible, en nous appuyant sur l'autorité des correspondants qui ont bien voulu répondre à notre demande en nous faisant parvenir leur avis sur les questions qu'ils connaissent d'une façon particulière.

Il importe d'abord d'exposer la situation dans laquelle se trouve le pêcheur français au regard de la situation que ce même pêcheur possède à l'étranger.

Un pêcheur n'est pas seulement un producteur, c'est encore un commerçant et, à ce titre, il a le droit de défendre ses intérêts et de réclamer des Pouvoirs publics les moyens d'exercer cette défense au même titre que les autres commerçants. Il serait donc nécessaire que la situation du pêcheur fut envisagée dans l'avenir sous un jour tout différent de celui admis jusqu'ici.

On conçoit que du temps de Colbert, le pêcheur côtier, simple manœuvre, ait été considéré, par les dirigeants, comme un mineur à qui il convenait d'imposer une tutelle et cela, il faut le reconnaître, dans un but réel d'aide protectrice, aide cependant qui n'était pas, peut-être, tout à fait désintéressée, car le sage ministre n'avait pas uniquement en vue la protection individuelle du pêcheur, mais bien la protection générale de cette catégorie de travailleurs dans laquelle il pouvait recruter les hommes de mer nécessaires au service du roi.

Cette protection a été efficace pendant des siècles. Cependant, tout se transforme, et ce qui était vrai, il y a deux cents ans, et contribuait à une amélioration, constitue, à notre époque, un anachronisme.

Si on prend les textes qui régissent l'inscription maritime et définissent l'état des pêcheurs, on trouve presque à chaque page des expressions comme celles-ci : « Discipline paternelle, « Famille des gens de mer, « Tuteur des gens de mer ». On trouve un sérieux désir de défendre les intérêts des pêcheurs, mais partout celui-ci est considéré comme un mineur.

Or, quand on voit l'évolution accomplie, la place qu'a prise l'industrie de la pêche dans la vie moderne, on est en droit de se demander comment les hommes, exerçant une industrie de cette importance, destinée à prendre un essor de plus en plus considérable, peuvent être encore, à notre époque, soumis à une législation qui, si paternelle qu'elle soit, les tient en lisière pendant toute leur vie.

Il semble vraiment qu'il est temps de réagir, et qu'en envisageant, dans son ensemble, la pratique de la pêche maritime, l'on a aujourd'hui autre chose à considérer que de créer une pépinière de marins pour monter sur les vaisseaux du roi.

Le pêcheur devenu industriel et commerçant n'a que faire de la « tutelle bienveillante » de l'administration de la marine militaire, mais, par contre, il a le droit de réclamer du Gouvernement une aide commerciale et efficace pour l'exercice et le développement de son industrie.

Cette aide, jusqu'ici lui a été refusée, elle est encore inexistante. L'organisation, bâtie par Colbert, subsiste toujours avec quelques variantes de forme plutôt que de fonds. Le but principal de l'intervention de l'administration maritime est toujours le recrutement du personnel de la marine de guerre.

Elle ne fait rien, ou presque, pour aider le pêcheur dans l'exercice de son industrie, et les quelques mesures prises dans cet ordre d'idées sont de date toute récente.

Dans le port qu'il fréquente, au lieu d'un intermédiaire ayant la pratique de l'industrie de la pêche et pouvant, en connaissance de cause, traiter de ces questions, le pêcheur trouve toujours son tuteur militaire qui, suivant la tradition, maintient une discipline paternelle, veille à l'application des règlements maritimes et se considère d'ailleurs comme le défenseur attitré du pêcheur.

A notre époque, ce n'est plus suffisant, alors qu'à l'étranger on trouve un organisme central agissant comme le Conseil d'administration d'une vaste société industrielle de la pêche et disposant d'agents locaux qui sont de véritables agents commerciaux.

A l'encontre des autres travailleurs de la mer, le pêcheur n'est pas le salarié d'un employeur, il travaille pour son propre compte, s'associant à des camarades pour l'exercice de son métier. Si, à bord des bâtiments modernes, le marin pêcheur reçoit le plus souvent une rémunération fixe et mensuelle, cette solde ne constitue qu'une partie de son gain ; toujours il est intéressé dans la réussite de la pêche et reçoit un tant pour cent sur les bénéfices réalisés. Ceci ne représente pas, peut-être, une association avec l'armateur, au sens absolu du mot, mais ce n'est pas, non plus, la situation du simple employé.

Quant au pêcheur côtier, montant le plus souvent une barque dont il est propriétaire pour tout ou partie, il vend lui-même son poisson, et ses intérêts sont ceux d'un véritable commerçant.

Dans ces conditions, continuer encore à traiter le pêcheur comme on le faisait du temps de Colbert, est devenu inadmissible. Certes, l'exploitation de la mer nécessitera toujours des réglements spéciaux, mais la profession elle-même doit-être libre.

Partout, chez les nations maritimes, et notamment en Angleterre, il arrive que la majorité de la population s'adonne plus ou moins, à un moment donné de sa vie, à une profession s'exerçant sur mer; mais, dans ces pays, il est aussi facile de sortir que d'entrer dans la marine. On peut y rester deux, trois, dix ans sans pour cela être astreint à subir une législation à forme militaire.

Le créateur de l'inscription maritime avait doté celle-ci d'un appât puissant, c'était la retraite dite de demi-solde et l'on doit reconnaître qu'à ce point de vue, les inscrits étaient des privilégiés. Mais les conditions sociales ne sont plus les mêmes; semblables mesures ont été prises pour toutes les catégories de travailleurs et, aujourd'hui, l'inscrit trouve mieux que ce que peut lui donner la Caisse des Invalides, dans le livret de retraite, dont il est le possesseur et le maître.

En un mot, la tutelle militaire doit cesser à l'égard du pêcheur : elle ne correspond plus à la situation sociale de cette catégorie de travailleurs et fausse complètement le recrutement et l'exercice de la profession; elle y maintient, en effet, des pratiques surannées et incite le pêcheur à un conservatisme outrancier, ayant pour conséquence la continuation du particularisme d'antan, là où l'on devrait, au contraire, tendre à l'organisation industrielle et à l'association.

Cette absence d'initiative, ce particularisme étroit font que le matériel reste ce qu'il était il y a des siècles, et ce n'est pas une des moindres raisons du retard constaté dans le développement de la pêche maritime en France.

De l'avis de tous, une action énergique est nécessaire pour orienter les armateurs et les pêcheurs dans la voie de la transformation de leur matériel de pêche et dans l'emploi du moteur à combustion interne pour les bateaux de pêche grands et petits.

Même unanimité pour réclamer la diffusion de l'instruction nautique chez les pêcheurs; c'est une nécessité inéluctable pour arriver à l'emploi rationnel du bateau de pêche à grand rendement.

Enfin, il faut créer sur les trois mers qui baignent les côtes de France des ports de pêche suffisamment vastes, pourvus d'un outillage moderne et d'où le poisson pourra être acheminé en grandes masses et par les moyens les plus rapides sur les marchés de l'intérieur.

Trois notes d'armateurs de Lorient, de La Rochelle et de Marseille, jointes au présent rapport, sont unanimes sur la nécessité absolue de ces réformes, et les présentent même, toutes trois, dans le même ordre d'urgence. Les professionnels de la pêche réclament aussi des études océanographiques, complètement négligées en France, alors que les plus petits pays environnants leur ont donné une ampleur particulière. Enfin, ils s'élèvent contre les lois restrictives qui ont apporté au développement de l'emploi du moteur à combustion interne des obstacles tels que dans notre pays, la fabrication de ce moteur est restée embryonnaire, situation déplorable que la guerre actuelle a mise cruellement en lumière.

Dans la construction des navires de pêche, les armateurs se sont heurtés à des difficultés diverses auxquelles il est facile cependant de remédier, car elles sont d'ordre législatif ou réglementaire.

Nous trouvons d'abord la loi de 1907 sur la sécurité de la navigation qui, rédigée en vue d'une application à des navires à passagers ou à de grands cargos, conduit à des conditions inexécutables quand il s'agit de l'appliquer à des navires de pêche jaugeant moins de 200 tonneaux. Le Conseil Supérieur de la navigation maritime a été unanime pour réclamer de disjoindre de la loi les prescriptions concernant les navires de plaisance ou de pêche se trouvant compris dans cette limitation de jaugeage. Une réglementation spéciale leur serait appliquée.

D'autre part, la construction de ces petits bâtiments, faits en série en Angleterre, a jusqu'ici coûté bien moins cher dans ce pays qu'en France. Des armateurs proposent, pour remédier en partie à cette infériorité, de supprimer les droits de douane sur le charbon consommé dans les chantiers de construction. Quant aux Mazout et pétroles, il est indispensable qu'on arrive enfin à consentir leur admission en franchise de douane aussi bien pour le service à terre des ateliers que pour le service à la mer des navires. C'est une des plus importantes questions à solutionner.

La guerre a conduit à un tel renchérissement des constructions que, pour permettre aux armateurs à la pêche de faire construire des navires, il importe absolument de leur consentir des avances semblables à celles prévues par la loi du 13 avril 1917 pour la flotte de charge. Un projet de loi dans ce sens a été préparé; il serait important qu'il pût aboutir sans retard.

Pour les petits pêcheurs, la loi sur le Crédit maritime mutuel du 4 décembre 1913 a besoin d'être amendée en vue de simplifier son fonctionnement et de la rendre applicable à de petits armateurs ne pratiquant pas eux-mêmes la pêche. Une limitation du tonnage des bateaux admis à bénéficier de ce crédit éviterait tout abus.

Il n'existe pas en France de vrai port de pêche, à part Boulogne, et encore ce dernier ne possède-t-il pas l'outillage moderne indispensable. On ne saurait trop réclamer la construction de ports de l'espèce, surtout sur l'Océan et la Méditerranée qui en sont complètement dépourvus. Il est bien entendu qu'ils doivent jouir d'une autonomie complète, car les nécessités du commerce de la marée sont tout à fait différentes de celles du commerce des transports.

La construction de tels ports permettra seule le développement du commerce du poisson de mer. Un programme d'installation-type de ces ports a été étudié, il est joint en annexe à ce rapport.

Les notes des armateurs de La Rochelle et de Marseille font ressortir toute l'importance qui s'attache pour l'avenir de la pêche au large à ce que les patrons de chalutiers reçoivent une instruction nautique et professionnelle qui leur permette de diriger l'emploi du navire qui leur est confié au mieux des intérêts de l'armement, et par conséquent de leurs propres.

A bien des reprises, cette importante question a été signalée, nous-mêmes n'avons cessé de réclamer cette diffusion de l'instruction technique des pêcheurs, sans laquelle il est impossible d'organiser de grandes sociétés de pêche.

Malheureusement, jusqu'ici les quelques écoles de pêche existant sur le littoral étaient dirigées vers un double but : instruction nautique des marins pêcheurs; préparation de ces derniers pour le service de la marine militaire. Inutile d'ajouter que ce dernier but prédominait et que l'on se préoccupait beaucoup plus de faire des mécaniciens ou des chauffeurs que des patrons de pêche.

Cette erreur a été mise durement en lumière par les nécessités de la guerre. Si les écoles de pêche avaient réellement préparé des marins capables de conduire un chalutier ou un harenguier à vapeur, la marine militaire eût pu trouver de suite une pépinière de chefs de quart pour les navires de patrouille. Or, elle est obligée, à l'heure actuelle, de créer de toutes pièces une école spéciale pour former ces chefs de quart.

Un rapport ci-joint de M. Rivoal, directeur de l'école de pêche de Douarnenez, une des rares écoles ayant fourni des résultats grâce à la ténacité de son directeur, fait ressortir l'insuffisance d'organisation de ces écoles. Mais les réformes envisagées dans ce rapport sont beaucoup trop timides, elles tiennent encore beaucoup trop compte de la préparation militaire et ne séparent pas assez les deux genres d'instruction. Néanmoins, il y a là une première étape.

Nous arrivons à la question du commerce du poisson, question aussi importante que celle de la pêche elle-même.

Là, aucune illusion, tout est à faire, tout est à créer. Cette situation est trop d'actualité pour avoir échappé au public. A la suite des restrictions apportées à la consommation de la viande, on a cherché une denrée de remplacement et on est arrivé naturellement à reconnaître que le poisson de mer, dont les qualités nutritives sont connues de tous, devait constituer cette denrée de remplacement. Mais quand il s'est agit de passer à l'exécution, les difficultés ont commencé : difficulté de pêche, difficulté de transports, difficulté de vente, si bien que les tentatives ont abouti à une désillusion complète.

Et cependant, en ce moment, quel appoint ne fournirait pas à l'alimentation nationale, un apport régulier et considérable de poisson... Pour cela, que faut-il? Consacrer une cinquantaine de chalutiers à la pêche hauturière, installer des frigorifiques régularisant le débit et enfin créer des dépôts de vente où pourrait s'approvisionner le public.

On aurait ainsi du poisson en quantité suffisante et l'on ne serait pas exposé à détruire, à la suite de mévente, des quantités importantes de ce précieux aliment.

Pour l'avenir, lorsque la pêche elle-même aura repris son cours normal, le commerce du poisson de mer ne pourra se développer réellement que si on met à sa disposition des moyens de transport bien conçus avec des tarifs raisonnables. La réduction des tarifs d'octroi, ou même leur suppression, est, en outre, presque indispensable.

La loi du 13 août 1913 a, certes, apporté une amélioration sérieuse dans l'application des tarifs d'octroi dont quelques-uns étaient autrefois nettement prohibitifs, mais il ne faut pas se dissimuler que l'effort est encore insuffisant. Il doit s'étendre, non seulement au poisson, mais encore à la glace pour transport, que des municipalités s'obstinent à frapper encore de droits excessivement élevés.

D'autre part, les transports ne sont ni assez rapides, ni assez assurés. Tout doit tendre — on ne saurait trop le répéter — à une accélération dans l'expédition du poisson. Le transport par camions automobiles pourrait d'ailleurs largement suppléer, dans certains cas, à la lenteur des transports par voie ferrée, lenteur qui, sur quelques lignes, tient aux transbordements nombreux. On a pu constater que, dans les régions côtières principalement, lorsqu'il s'agit de faire un trajet presque parallèle à la côte, le transport par automobiles permet de réaliser une économie de temps des deux tiers par rapport à l'horaire de la voie ferrée. Or, cette économie équivaut le plus souvent au gain d'une journée et à la possibilité d'amener le poisson au marché se tenant le jour même, alors que par voie ferrée on n'eût pu attendre que le marché du lendemain.

Cette question des transports a fait l'objet d'une étude spéciale très documentée de M. l'ingénieur Poher; à ses conclusions rigoureusement déduites on ne peut que s'associer entièrement. Comme il l'indique, la pratique du froid industriel doit être de plus en plus développée, elle ne solutionnera peut-être pas, à elle seule, la question de la bonne conservation de la marée, mais elle apportera, pour cette solution, un appoint excessivement important.

Quant au mode de vente du poisson, il a également besoin de subir une transformation. Trop d'intermédiaires s'interposent entre le producteur et l'acheteur. Jusqu'ici, les coopératives pour la vente de cette denrée éminemment périssable n'ont pas eu, il est vrai, beaucoup de succès, mais rien ne dit qu'il en soit toujours ainsi et qu'on n'arrivera pas à diminuer ces énormes frais généraux dont les intermédiaires grèvent la marée et à réduire ainsi le prix auquel le poisson peut être vendu au public.

La Tunisie et le Maroc, dont la France a pris les charges du protectorat, possèdent sur leurs côtes des richesses ichtyologiques dont une très faible partie est exploitée à l'heure actuelle, et encore cette exploitation se poursuit-elle non par des Français, mais bien par des étrangers (Italiens ou Espagnols).

En Tunisie, les capitaux français, qui ont complètement transformé ce pays, se sont surtout portés sur l'agriculture et sur la culture de l'olivier. La pêche a été délaissée parce que pour ainsi dire inconnue. C'est ce que fait ressortir M. l'inspecteur des pêches Bourge dans le travail si précis et si documenté joint à ce rapport. Et cependant, que de richesses inexploitées ne demandent qu'à être mises en valeur. Toutefois, pour arriver à un prompt résultat, des modifications doivent être apportées dans le régime douanier qui régit la Tunisie dans ses rapports avec la France. Nous les indiquerons dans nos conclusions, le cadre de ce rapport ne permettant pas de longs développements de cette question.

Le Maroc se trouve dans des conditions à peu près identiques, mais, pour ce pays, il a déjà fait des tentatives d'exploitation des fonds de pêche.

Nous avons cru bien faire en demandant, pour être placés sous les yeux du Congrès, des renseignements précis sur l'état de la question. Ces renseignements ont été demandés, d'une part, à M. l'Administrateur de l'Inscription maritime, Cangardel, qui a pu les recueillir au cours d'une mission toute récente au Maroc, et, d'autre part, à M. Bouteiller, armateur de Concarneau, qui, depuis deux ans, séjourne à Fedalah et a organisé dans ce port une fabrication importante de poissons séchés.

Les rapports fournis par nos correspondants et qui sont ci-annexés, contiennent des indications précises et détaillées sur la pêche marocaine; ils peuvent être du plus grand secours pour les personnes s'intéressant au développement du commerce du poisson sur les côtes soumises à notre protectorat.

Ici, comme en Tunisie, des modifications ou des précisions doivent être apportées à la législation pour aider à l'extension de la pêche; nous les énumérerons dans nos conclusions.

Quant à la partie « matériel », c'est la construction de ports sur la côte marocaine qui s'impose en premier lieu. Pour le moment, il importerait de compléter et d'agrandir Fedalah pour l'avenir, nous persistons à croire qu'un grand port pourra trouver place à Agadir.

Le travail de M. Paul Bouteiller, qu'il qualifie modestement de simple esquisse, est en réalité une étude très importante et très poussée de la situation de la pêche au Maroc, on ne saurait trop en recommander la lecture intégrale.

Les côtes de la Mauritanie forment une zone de grande pêche, et certains des poissons pêchés sur ces côtes sont susceptibles d'être primés (Loi du 26 février 1911). Mais le lieu d'élection de la grande pêche à la-morue est toujours et restera probablement encore pendant longtemps le grand banc de Terre-Neuve.

Deux notes, concernant la pêche et le commerce qui en est la conséquence, sont jointes au présent rapport. Elles émanent : l'une de M. le Borgne, armateur de Fécamp, et l'autre de M. Annereau, président du Syndicat du commerce de la morue à Bordeaux. Toutes deux font ressortir l'importance de ce commerce, les répercussions sociales qu'il a dans le pays par suite du nombre de marins employés à la pêche (10.000 environ) et, enfin, la nécessité de lui apporter toute l'aide qu'il mérite, en créant aux îles de Saint-Pierre-et-Miquelon un port de pêche qui permettra l'emploi de modes de pêche plus modernes sur le banc de Terre-Neuve.

Je ne parlerai qu'incidemment des bruits fâcheux ayant couru au sujet d'une union possible de cette colonie à l'Angleterre. Ces bruits ont été démentis par notre Gouvernement, et il n'y a pas lieu, je crois, d'attacher à l'incident plus d'importance qu'il ne mérite. Cependant, en présence de l'émotion qu'il avait causé dans le monde des pêcheurs et de l'explosion de colère qui en avait été la suite, on ne pouvait pas le passer sous silence.

En fait, bien loin de diminuer, la pêche à Terre-Neuve tend à prendre une extension nouvelle en se modernisant.

La loi sur les primes court jusqu'au 31 décembre 1926, mais il ne semble pas que, pour l'avenir, ce soit dans un régime de ce genre qu'il y ait lieu de chercher des encouragements pour la grande pêche. Des facilités plus grandes pour les transports, pour les exploitations, pour le régime du sel, seraient, de l'avis d'un grand nombre d'armateurs, beaucoup plus efficaces.

Une question semblable se pose pour la pêche du hareng.

Des notes du Syndicat des armateurs et saleurs de Fécamp font ressortir la nécessité de protéger le commerce du poisson salé et fumé contre la concurrence étrangère, favorisée par la proximité des lieux de pêche. Elles mettent également en lumière la défectuosité de la loi qui n'a prévu qu'un tarif unique de douane pour cette espèce de poisson, quelle que soit la forme sous laquelle il est présenté au public.

Or, la différence est importante, puisque 100 kilogrammes de harengs salés ne donnent que 65 kilogrammes de harengs fumés ou que 35 kilogrammes de harengs saurs. Une augmentation des droits de douane sur le hareng fumé et sur le filet de hareng saur semble indispensable pour la protection de ce commerce. Du reste, cette augmentation avait été admise en principe avant la guerre, et un projet de loi avait été préparé dans ce sens.

La pêche de la sardine, qui alimente l'industrie des conserves si intéressante pour notre pays, a traversé dans ces dernières années des périodes troublées qui tiennent surtout à ce que, d'une part, le matériel employé pour la pratique de cette industrie ne répond plus aux nécessités modernes et que, d'autre part, cette insuffisance de matériel à une répercussion immédiate sur la situation économique.

La solution de la question est très complexe, parce qu'elle intéresse des milliers de pêcheurs répartis sur la côte ouest de France, depuis Brest jusqu'à la frontière d'Espagne et dont l'état d'esprit et les moyens matériels sont essentiellement différents suivant les localités. Il en résulte qu'une solution, admise comme bonne et même réclamée dans un endroit, est tout au plus tolérée dans un autre et franchement combattue dans un troisième. Les mêmes divergences existent en fait chez les fabricants de conserves, et ceux-ci sont loin d'être tous du même avis, suivant qu'ils ont leurs usines en Bretagne, en Vendée ou dans le pays basque.

Une note très intéressante de M. Benoît, président du Syndicat des fabricants de conserves, expose le point de vue des fabricants.

En fait, le problème qui se pose est d'assurer avant tout aux pêcheurs une vente et une utilisation certaine de tout le poisson qu'ils peuvent pêcher, quelle que soit l'importance de la pêche.

Les usines, étant limitées dans leur production, ne peuvent s'engager à de tels achats; il faut donc trouver un autre débouché. Il importerait pour cela de pouvoir conserver pendant quelque temps cette denrée périssable, afin, soit de la traiter à loisir dans les usines, soit de la transporter à l'intérieur du pays pour la vente en vert au public. Des installations de frigorifiques, capables de régulariser l'utilisation de la sardine, permettraient peut-être d'arriver à une solution que tout le monde réclame. La question fait, en ce moment, l'objet d'études spéciales.

L'ostréiculture date à peine de cinquante ans, elle a considérablement développé en France le commerce des huîtres, mais elle est arrêtée dans son essor par la législation de l'inscription maritime. C'est ce que démontre avec autorité, dans la note ci-jointe, M. Cadoret, ostréiculteur à Elec-sur-Bélon. Il est hors de doute que l'importance du commerce des huîtres qui oscille actuellement autour d'une production annuelle de 28 millions de francs pourrait aisément être doublée et même triplée en fort peu de temps, si une modification était apportée à la législation en vigueur.

La loi de 1852, qui n'est elle-même que la reproduction des prescriptions de l'ordonnance de 1861, et le décret du 4 juillet 1853 ont en effet réservé aux inscrits maritimes un traitement de faveur dans les concessions de terrain sur le domaine public maritime. Cela se concevait et se justifiait lorsqu'il s'agissait autrefois de simples dépôts d'huîtres pêchés au large par les inscrits. Mais l'ostréiculture est venu modifier tout cela, ce n'est plus, à l'heure actuelle, de pêche, au sens strict du mot, qu'il s'agit, mais d'une exploitation industrielle et même scientifique, nécessitant de grands espaces de terrain et des mises de fonds importantes.

Or, l'inscrit maritime est incapable d'un tel effort, il se contente, comme autrefois, d'un parc de quelques ares, et son exploitation n'a rien d'industriel, mais, par contre, il empêche la concession de grands espaces de terrain et arrête complètement le développement de l'ostréiculture en tant qu'exploitation industrielle. En somme, il joue à peu près le rôle du chien du jardinier, au grand dam du pays, car, outre l'arrêt dans l'extension industrielle, les recettes du Trésor s'en ressentent également. En effet, les redevances payées par les inscrits pour leur occupation du domaine public maritime sont d'importance dérisoire, alors que le règlement d'administration publique du 21 décembre 1915 a créé pour eux de véritables fonds de commerce.

Les conclusions de M. Cadoret méritent donc la plus grande attention, car tout l'avenir de l'ostréiculture en France, est subordonnée à une modification de la législation actuelle, cette modification devant permettre de mettre en valeur les richesses côtières dont on ne tire, à l'heure actuelle, qu'un parti infime.

Une note de M. Dantan, naturaliste du Service scientifique des Pêches, confirme les indications ci-dessus en montrant combien est importante pour l'avenir de l'ostréiculture la conservation des bancs naturels producteurs de naissain. Nous n'avons cessé, pour notre part, de soutenir cette manière de voir. C'est-à-dire combien les vœux présentés par M. Dantan nous semblent offrir d'intérêt.

Résumé et conclusions.

Malgré notre désir d'être bref, les questions intéressant l'avenir de l'industrie de la pêche sont si nombreuses, que rien que leur énumération nous a entraîné un peu au delà des limites fixées à notre rapport.

Nous pensons avoir suffisamment montré combien il est indispensable de faire un effort d'ensemble pour permettre à l'industrie de la pêche en France de prendre enfin l'extension réclamée non seulement par les nécessités de l'heure présente, mais encore par les besoins de l'alimentation en poisson dans l'avenir des populations de l'intérieur.

Nous proposons donc au Congrès d'appuyer de son autorité quelques projets de réforme énumérés ci-après, dont l'urgence semble évidente, et d'émettre dans ce but les vœux suivants :

1° Qu'il soit apporté une modification à la loi du 24 décembre 1896 sur l'inscription maritime, dans le sens :

a) D'un affranchissement des pêcheurs de la tutelle militaire ;

b) De l'institution, en ce qui les concerne, d'une organisation de services commerciaux, leur apportant localement l'aide de l'État.

2° Que la loi du 17 avril 1907 soit modifiée dans le sens d'une législation spéciale pour les navires de pêche au-dessous de 200 tonneaux.

Qu'il soit fait une application définitive de l'article 4 de la loi du 20 juin 1893, lequel a posé le principe de l'admission temporaire des pétroles.

Qu'il soit consenti une prolongation, pour une nouvelle période de deux ans au moins, après la fin des hostilités, des prescriptions de l'article 1er de la loi du 1er août 1916, concernant la prime à la construction aux bateaux ayant reçu des machines ou des chaudières de provenance étrangère.

3° Que des mesures d'urgence soient prises pour hâter la construction de deux ports de pêche sur l'Océan et d'un autre sur la Méditerranée, les études nécessaires ayant déjà été faites dans ce but sur la base du programme-type joint au présent rapport.

4° Qu'il soit donné une suite rapide aux propositions déjà faites par le ministère de l'Instruction publique d'accord avec le sous-secrétariat des Transports maritimes et de la Marine marchande en vue de l'organisation d'écoles de pêche sur le littoral dans le sens d'une instruction technique appropriée à la profession de pêcheur, en faisant passer au second plan la préparation à la marine militaire.

5° Que les Pouvoirs publics encouragent le plus possible la création d'entrepôts frigorifiques dans le voisinage des grandes villes et l'emploi de wagons réfrigérants sur les voies ferrées.

Qu'une réduction plus considérable des tarifs d'octroi sur le poisson, les crustacés et les coquillages soit consentie par le Parlement.

6° Qu'il soit apporté des modifications aux législations tunisiennes et marocaines de manière à permettre aux armateurs de pratiquer la pêche sur les côtes de ces pays de protectorat sous pavillon français avec des équipages indigènes.

Que tous droits locaux soient supprimés sur le poisson ainsi pêché quand il sera exporté en France.

7° Qu'il soit créé un port de pêche dans notre colonie de Saint-Pierre, de manière à pouvoir organiser la pêche moderne sur le grand banc de Terre-Neuve.

8° Qu'il soit apporté une modification au tarif général des douanes pour l'importation des harengs fumés et des filets de harengs saurs.

Que le régime des ateliers de salaison soit rendu plus libéral e
mis en concordance avec les exigences actuelles du commerce du
poisson salé.

9° Que le décret du 4 juillet 1853 soit modifié dans le sens d'un
élargissement des conditions de concessions sur le domaine public
maritime en vue de l'établissement de vastes exploitations pour
l'ostréiculture.

Que toutes mesures soient prises pour assurer la conservation
des bancs naturels producteurs de naissains, et qu'il soit établi dans
ce but une surveillance efficace.

Que l'exploitation méthodique de toutes les huîtrières naturelles
soit facilitée par l'application de règlements appropriés.

Que l'on procède à la reconstitution des anciens bancs naturels.

Que les Pouvoirs publics s'efforcent de développer la mytili-
culture.

10° Que suivant les vœux présentés par M. le Professeur Joubin,
il soit créé dans un port de pêche un laboratoire scientifique
industriel auquel serait annexé un navire océanographique, muni
des perfectionnements modernes et pouvant servir aux recherches
dans l'Océan, les mers boréales et la Méditerranée.

11° Qu'il soit entrepris d'urgence une étude de la transformation
du matériel nautique et industriel utilisé dans l'industrie de la
conserve de la sardine.

Vœu de M. le Baron d'Anthouart.

Les projets de réforme sur l'industrie de la pêche en France, présentés à la Section II et adoptés par elle, aboutissent à demander le
vote par le Parlement d'un certain nombre de lois nouvelles. Un
grand nombre de ces réformes sont déjà réclamées depuis longtemps
par les intéressés. Pourquoi n'ont-elles pas encore été accordées ?
Pourquoi les nouveaux vœux seront-ils mieux accueillis ?

Les dernières demandes n'ont pas été accueillies parce qu'en
dernière analyse tous ces projets de réformes, ou du moins le plus
grand nombre, disparaissent dans les archives du Parlement et
n'en sortent plus, le pouvoir législatif n'arrivant pas à prendre une
décision. On met en avant la responsabilité de l'administration,
celle des industriels, des commerçants, leur manque d'initiative,
d'activité, d'organisation, leur ignorance des nécessités présentes
de la vie économique. Sans nier qu'il y ait dans ces critiques une
part de vérité, il convient pour être juste de ne pas oublier à côté
de ces responsabilités celle du législateur. La lenteur avec laquelle
il travaille est en effet une des principales causes, sinon la plus importante de la persistance des vices de notre organisation économique. Le pouvoir législatif étant, en effet, la plus haute expression

de la vie nationale, la source même de son activité, tout ce qui la paralyse, la frappe d'atonie, entretient et développe ce qu'il y a de fâcheux et de mauvais dans l'état d'esprit les pratiques de l'administration et des particuliers.

Il faut le dire nettement, tant que cette situation n'aura pas été complètement transformée, toute réforme sérieuse sera très difficile et le plus souvent impossible. Et nous avons d'autant plus de raisons de parler sans ambiguïté, de remonter sans hésitation aux causes premières des effets déplorables dont nous nous plaignons, que l'objet essentiel de ce Congrès est, nous a-t-on dit, de fournir au Gouvernement des indications précises et compétentes sur la politique économique qui conviendra le mieux aux intérêts du pays après la guerre.

Cette lenteur, cette atonie de l'action législative est ancienne puisqu'on a cité des réformes qui demeureront à l'état de projet depuis plus d'un siècle; raison de plus, semble-t-il, pour en finir une fois pour toutes avec des errements aussi funestes et que rien ne saurait excuser maintenant qu'on en connaît les très graves inconvénients. Cette observation générale s'applique sans doute à d'autres questions que celles qui sont traitées ici; aussi conviendra-t-il, à mon avis, de la soumettre aux diverses sections du Congrès avec prière d'examiner s'il y a lieu de l'appliquer aux autres réformes demandées. Afin d'en préciser la portée, il serait bon de l'appuyer d'un relevé sommaire des demandes de réformes qui attendent une solution, en indiquant les dates auxquelles elles ont été présentées.

En conséquence, je propose à la deuxième Section d'adopter le vœu suivant :

1º Prier ses rapporteurs de rappeler dans leurs travaux les réformes législatives essentielles qui, appuyées par les représentants compétents et qualifiés des intérêts en cause, attendent cependant depuis longtemps leur adoption, contrairement aux intérêts généraux du pays.

2º S'appuyer sur cette preuve matérielle d'incurie et sur les énormes dommages causés de la sorte au pays pour demander au Congrès de faire ressortir auprès des Pouvoirs publics, respectueusement mais fermement et nettement, la nécessité d'y mettre fin, tout effort de réforme étant par avance frappé de stérilité tant que cette amélioration capitale de nos institutions n'aura pas été réalisée au préalable.

D'Anthouard.

Paris, le 16 septembre 1917.

Président : M. Suss.

RAPPORT

de M. TOULON

SUR

Les Chemins de Fer après la Guerre.

Organisation et progrès nécessaires.

L'importance capitale des chemins de fer leur assigne un rôle essentiel au point de vue économique. Au lendemain de la guerre, la France devra développer ses industries, accroître son commerce, multiplier ses échanges internationaux.

Dans l'effort exceptionnel qu'il faudra faire pour donner un essor nouveau à toutes les forces productives, les moyens de transport, et surtout le plus important de ces moyens, les chemins de fer, exigent l'étude et l'application des méthodes à la fois les mieux adaptées à la situation actuelle et les mieux appropriées pour assurer la réalisation des progrès continus qui sont nécessaires afin de satisfaire aux besoins sans cesse croissants de l'intérêt public.

Les questions générales que soulèvent l'étude d'un tel problème comprennent donc :

L'examen des difficultés spéciales qui résultent de la période de guerre ;

L'indication sommaire des principaux perfectionnements et des améliorations les plus immédiatement nécessaires ;

Le résumé des causes fondamentales qui paralysent les efforts et entravent les progrès ; enfin l'étude des méthodes et le plan sommaire de l'organisation des grands réseaux de chemins de fer français en vue de remédier aux défauts de la situation actuelle.

Le présent rapport sommaire ne peut avoir pour objet de résoudre un ensemble de questions aussi complexes, mais seulement de suggérer dans quelle direction paraissent devoir être orientés les efforts vers les progrès nécessaires.

Difficultés spéciales résultant de la période de guerre.

La guerre actuelle, par son intensité et sa longue durée, entraîne de graves répercussions économiques sur l'industrie des chemins de fer. L'élévation générale des prix de toutes les matières et produits fabriqués et l'augmentation des salaires du personnel en raison de la cherté de la vie, ont accru dans de fortes proportions les frais d'exploitation sans que les recettes du trafic puissent compenser cet accroissement. C'est là une situation tout à fait anormale. Aussi M. le Ministre des Travaux publics a-t-il, pour y remédier, proposé, le 3 novembre dernier, de relever les tarifs de chemins de fer, comme l'ont fait avant nous les autres pays.

Il importe d'observer que les résultats exceptionnels des années de guerre sont la conséquence d'un cas de force majeure. Les conventions de 1863 ne peuvent, en toute justice, s'appliquer à des circonstances qu'elles n'ont pas envisagées, l'amplitude des brusques variations dans les recettes et les dépenses dépasse de beaucoup toutes les prévisions. Une question analogue a déjà reçu une juste solution pour les compagnies qui produisent et distribuent le gaz, il a été reconnu que les contrats qui les obligeaient à fournir le gaz à des prix fixés avant la guerre, sans tenir compte de ce cas de force majeure, ne pouvaient plus être en vigueur pendant cette période exceptionnelle et que des ententes nouvelles étaient nécessaires.

Il paraît donc équitable et conforme aux principes du droit de considérer que les conventions de 1883 ne sont pas rigoureusement applicables pendant la période de guerre et que la situation des compagnies de chemins de fer ne doit être ni aggravée ni améliorée par cette crise imprévue. L'indemnité que les compagnies peuvent justement réclamer, doit comprendre la réparation de tous les dommages dus à la guerre, c'est-à-dire la diminution des recettes nettes et les frais de remise en état de la voie et du matériel roulant, comprenant non seulement les réfections de ce qui a été détruit, mais encore les dépenses de grosses réparations et d'entretien exceptionnel qui seront manifestement reconnues comme la conséquence de la guerre. Il sera donc nécessaire, afin d'éviter les procès de longue durée, que de nouvelles conventions interviennent pour régler ces questions ; dès à présent, de nouvelles ressources devront être obtenues par des augmentations des tarifs de transport.

Améliorations générales et progrès à réaliser.

La réparation des dommages, qui sont la conséquence de la guerre, suffit pour rétablir les administrations de chemins de fer dans la situation où elles étaient au commencement de l'année 1914. Mais ce résultat obtenu, qui supprime la diminution de la valeur des réseaux et qui évite une véritable déchéance, est loin d'être suffisant. Les chemins de fer, par leur influence sur la prospérité générale de l'industrie et du commerce, doivent être continuellement perfectionnés, étendus et améliorés, sous peine d'entraver la production, de paralyser le commerce sans cesse en voie d'accroissement et de manquer à leur mission essentielle. Le progrès continu des chemins de fer ne doit pas se contenter de suivre le développement général de l'industrie ; il doit le plus souvent le précéder et le provoquer.

Il serait téméraire d'essayer d'établir, même sommairement, un programme des perfectionnements et améliorations générales qui s'imposeront parfois dans un délai assez court. A titre d'indication, il n'est pas inutile de signaler les principaux problèmes qui ont déjà été en partie étudiés et qui devront sans doute aboutir à une réalisation.

Les lignes d'intérêt général constituent en France un réseau assez serré pour qu'il n'y ait plus lieu d'en accroître notablement la longueur ; quelques lignes supplémentaires peuvent être encore utiles. Les améliorations principales à envisager comprennent surtout ce qui peut être considéré comme l'outillage même des réseaux actuels.

En ce qui concerne l'infrastructure et la voie, il conviendra de hâter l'augmentation du nombre des voies sur les lignes les plus fréquentées, le perfectionnement ou la création des raccordements avec les ports maritimes et fluviaux, l'extension des gares de triage, l'amélioration des gares de grande et de petite vitesse et des aménagements des gares de voyageurs.

Pour le matériel roulant, l'adoption du frein continu sur les trains de marchandises, en commençant par ceux qui permettent l'emploi d'un matériel spécial, est une mesure qui, généralisée par étapes successives, permettra d'augmenter la charge des trains et par conséquent le rendement de certaines lignes, de réduire le nombre des agents et par suite les dépenses, et de donner de nouvelles garanties de sécurité.

La traction électrique, aujourd'hui pratiquement réalisable, dont les applications sont encore trop restreintes, devra sans doute s'étendre successivement aux diverses parties des réseaux de chemins de fer.

Tous ces agrandissements, toutes ces améliorations, qu'il s'agisse de l'infrastructure ou du matériel roulant, exigent des dépenses élevées. Les délais d'exécution sont le plus souvent assez longs. Au point de vue commercial, les économies d'exploitation et surtout les accroissements de trafic à espérer comme conséquence des progrès techniques à réaliser n'apparaissent pas en général immédiatement. Une ligne de chemin de fer, au moment de son établissement, présente toujours une capacité de transport notablement supérieur aux besoins de la circulation. Dès que, par suite du développement du trafic, la limite de cette capacité de transport est près d'être atteinte, l'outillage doit être augmenté, doublement des voies, augmentation de la longueur des trains et des voies dé garage, accroissement des gares.

Il est aisé de comprendre que ces diverses améliorations doivent toujours être réalisées assez à temps, c'est-à-dire, avant que le trafic ait atteint le maximum qui peut être pratiquement débité.

Il faut donc les entreprendre suivant des prévisions justifiées et d'avance, afin de tenir compte du temps nécessaire pour les achever et les mettre en service.

Les administrations de chemins de fer, outre leur mission essentielle d'assurer le transport des personnes et des marchandises dans les conditions les meilleures de sécurité, d'économie et de rapidité, ont un rôle accessoire par l'importance des fournitures qu'elles doivent acheter. Ce sont des clients exceptionnels, dont les commandes, par leur répartition et leur nature, peuvent avoir une sérieuse influence sur l'industrie nationale. C'est une répercussion qui a trop souvent été perdue de vue ; il importe de bien concilier l'intérêt bien compris des administrations de chemins de fer avec celui de leurs fournisseurs.

Enfin, les administrations de grands réseaux de chemins de fer comprennent en France un personnel de 360.000 agents. Il importe que les salaires alloués à ce personnel soient équilibrés avec ceux des métiers analogues dans les diverses régions. Il est juste de donner aux agents de chemins de fer un statut équitable et de leur assurer une situation en rapport avec la capacité technique de chacun d'eux et les services rendus. Il ne faut pas oublier que le taux des salaires des employés de chemins de fer a une répercussion directe sur les salaires des autres industries ; il y a là une solidarité étroite qui doit être attentivement considérée pour l'intérêt général du pays.

Obstacles principaux à la réalisation des progrès nécessaires.

L'importance et la multiplicité des problèmes à résoudre entraîneront des dépenses très élevées qu'il sera nécessaire d'effectuer successivement avant que l'accroissement des recettes nettes, suivant le régime des conventions de 1883, soit suffisant pour les payer. Avant la guerre pour l'ensemble des six grands réseaux, les recettes nettes équilibraient à peu près les charges telles qu'elles résultent de l'application des conventions de 1883.

Il y a d'ailleurs de grandes inégalités entre les réseaux. Les Chemins de fer de l'Etat, héritiers de la situation difficile de l'ancienne Compagnie de l'Ouest, sont les plus éloignés de l'équilibre entre les charges anciennes et les recettes nettes. Il apparaît donc que les administrations avec le régime actuel seront impuissantes à réaliser les progrès indispensables.

Les Compagnies n'ont plus devant elles qu'une avenir assez limité. Les dates d'expiration pour les concessions varient du 31 décembre 1950 pour la Compagnie du Nord, au 31 décembre 1956 pour la Compagnie du Midi. Il leur reste donc une durée de quarante ans environ, beaucoup trop courte dans une industrie comme les chemins de fer, qui exigent l'immobilisation en travaux de capitaux considérables dont la rémunération sera faible pendant plusieurs années et ne deviendra intéressante qu'après une assez longue période, à mesure que la prospérité générale du pays multiplie les transports.

Convient-il de chercher dans le rachat des réseaux concédés et leur exploitation par l'Etat un remède aux difficultés signalées ? Est-ce une méthode capable de résoudre tous les problèmes et d'assurer l'avenir et le progrès des chemins de fer ?

Pour obtenir des résultats techniques pleinement satisfaisants et appropriés à l'intérêt public bien compris, ce n'est pas un changement d'étiquette qui peut suffire. La question de savoir si les chemins de fer sont mieux exploités directement par l'Etat ou par des Compagnies privées concessionnaires, question trop souvent obscurcie par des raisons d'opportunité accidentelle ou par des considérations de sentimentalité politique, soulève des controverses que le présent rapport n'a pas pour objet d'exposer et de discuter. Pour indiquer dans quel sens doivent être dirigées les études à préparer et les décisions à prendre, il suffit d'observer que les administrations de chemins de fer, quelles qu'elles soient, doivent être organisées en vue de réaliser les programmes d'amélioration qu'impose le progrès, sinon leurs efforts, quels que soient la valeur et le mérite de leur direction, seront paralysés. Elles doivent être des organismes en progrès constant avec une vitalité particulièrement agissante après une crise violente comme la guerre actuelle.

Organisation des réseaux et des administrations exploitantes en vue de l'intérêt général et des progrès continus à réaliser.

Est-il possible, à titre d'essai, d'indiquer dans quel sens une organisation, ou si l'on préfère, une telle réorganisation pourrait-être orientée ?

Le problème capital à résoudre, ce n'est pas comme en 1878, au moment du programme Freycinet, d'arrêter une liste de travaux et d'améliorations, que les administrations de chemins de fer génées par le régime actuel, paralysées dans leurs progrès techniques par les charges anciennes, sont impuissantes à réaliser pleinement, malgré leur bonne volonté, mais c'est surtout de chercher à donner aux administrations de chemins de fer les moyens nécessaires pour préparer et assurer la réalisation des programmes d'avenir, en un mot de les organiser en vue du progrès et de la satisfaction la plus complète de l'ensemble des intérêts généraux.

Pour atteindre ce but, une première remarque se présente au sujet de la répartition des lignes entre les réseaux. Un simple coup d'œil fait apercevoir que les lignes de chemins de fer ne sont pas toujours groupées suivant la méthode la meilleure pour une parfaite gestion. La Compagnie d'Orléans a des lignes qui pénètrent en Bretagne au travers du réseau de l'Etat. Sur divers points des lignes concurrentes appartiennent à des réseaux différents. Les lignes de chemins de fer constituent des monopoles ; il est contraire à l'intérêt général de maintenir des concurrences. Certains réseaux ont des étendues trop réduites,

comme	l'Est	4.962	kilomètres
	le Nord.	3.829	—
	le Midi	4.956	—
tandis que	la Compagnie d'Orléans a. .	7.787	—
	la Compagnie P.-L.M.	9.665	—
	les Chemins de fer de l'Etat.	6.907	—

A un autre point de vue, plusieurs des lignes actuellement classées dans le réseau d'intérêt général sont en réalité de véritables lignes d'intérêt local, et réciproquement, il serait sans doute possible de signaler des lignes classées comme d'intérêt local qui doivent être plus justement, en raison de leur importance, classées dans les réseaux d'intérêt général.

Il semble donc que, dans l'ensemble, un regroupement des lignes et un remaniement de la consistance territoriale des réseaux sont nécessaires. Il est question, au point de vue agricole, dans les parties du territoire qui ont subi les ravages de l'invasion, de remembrer les propriétés rurales. Il n'y a donc rien d'exagéré et il est beaucoup plus simple d'envisager le remembrement des réseaux de chemins de fer d'intérêt général et d'étudier leur réorganisation territoriale en vue d'une meilleure utilisation.

Le régime financier des chemins de fer doit être la base solide sur laquelle sera fondé l'avenir, et le stimulant qui incitera les administrations aux progrès utiles. Actuellement, les Compagnies de chemins de fer n'ont qu'un avenir trop limité, quarante ans environ, pour qu'elles puissent entreprendre des travaux dont la rémunération n'est pas prochaine. Elles sont obligées d'amortir dans un délai qui n'est plus assez long des capitaux d'emprunt s'élevant à des sommes considérables. Leur capital nominal en actions de 1.500 millions de francs pour l'ensemble des Compagnies n'est pas le dixième des sommes empruntées comme obligations. Sur un bénéfice net total de 700 millions environ, le dividende des actions n'est que de 157 millions, le surplus est absorbé par l'intérêt et l'amortissement des obligations.

Il résulte de cette situation que les Compagnies n'ont presque aucune disponibilité pour améliorer leur outillage et envisager des programmes de travaux importants.

Il paraît donc tout d'abord indispensable de prolonger la durée des concessions.

L'amortissement représente une dépense annuelle qui dépasse 200 millions, correspondant à la participation des administrations exploitantes dans les travaux d'établissement.

L'ensemble des réseaux d'intérêt général a coûté 19.323 millions.

Sur cette somme, l'Etat et les communes ont donné à titre de subvention une somme de 5.151 millions.

Les administrations exploitantes (Compagnies concessionnaires et Chemins de fer de l'Etat) ont fourni 14.172 millions, y compris le matériel roulant qui est compris dans cette somme pour un total de 3.438 millions.

Le capital des obligations amorties dépasse dès à présent 4.000 millions.

Ainsi, si l'on déduit du total général de . . . . . . 19 milliards
les subventions allouées de . . . . 5 milliards
les capitaux amortits 4   —

             soit 9   —

             Il reste . . . . 10 milliards
comprenant pour le matériel roulant 3   —

c'est donc une somme d'environ . . . . 7 milliard
seulement dont l'amortissement reste à terminer pour les travau d'établissement non compris le matériel roulant.

Ne conviendrait-il pas de considérer que l'amortissement de capitaux engagés dans les chemins de fer peut être retardé o même complètement suspendu ?

Est-il parfaitement équitable, d'ailleurs, de faire payer aux générations actuelles tant l'amortissement d'un outillage maintenu continuellement en bon état et dont les générations futures jouiront comme nous ?

Sans essayer de préciser les combinaisons financières qui permettraient de suspendre ou d'ajourner l'amortissement sans grever le budget de l'Etat ; il suffit de constater que l'emploi d'une méthode de ce genre, sagement appliquée, donnerait des disponibilités importantes aux administrations de chemins de fer. Il semble cependant qu'il y aurait intérêt à établir des combinaisons nouvelles de manière à augmenter l'importance du capital-actions. Le capital est aujourd'hui relativement beaucoup trop faible ; les dividendes ne représentent que 20 % des recettes nettes.

De ces diverses observations résulte la nécessité d'une réorganisation financière sur de nouvelles bases, avec prolongation de la durée des concessions et ajournement de l'amortissement des travaux d'établissement.

Considérées comme les clients principaux de l'industrie nationale, il est désirable que les administrations de chemins de fer, déjà préoccupées de ce problème multiplient leurs efforts en vue de l'uniformisation, sinon des types les plus compliqués des appareils, des wagons ou des machines, tout au moins des éléments principaux qui les composent. Des bureaux d'études communs pour tout ce qui peut être uniformisé permettraient sans doute d'atteindre ce but plus complètement et plus économiquement; en même temps, il conviendrait de faire appel à tous les concours utiles pour la préparation des projets et l'exécution des travaux. L'uniformisation ou standardisation ne doit pas être une entrave au progrès; des champs d'expérience communs pourraient permettre d'étudier les perfectionnements ou de juger la valeur des nouvelles inventions. Les commandes principales à l'industrie nationale devraient être concertées au plus grand avantage des fournisseurs et des administrations de chemins de fer.

Enfin, il n'est pas inutile d'ajouter que le contrôle de l'Etat sur les administrations de chemins de fer pourrait être élargi, afin de défendre plus complètement l'intérêt général et de mieux orienter les chemins de fer vers le développement économique du pays. Les Chambres de commerce pourraient désigner des représentants qui seraient chargés de participer au contrôle en même temps que les fonctionnaires de l'Etat. Cette réorganisation du contrôle peut être féconde en résultats et donner une impulsion nouvelle aux progrès que les chemins de fer doivent réaliser dans l'intérêt public.

L'ensemble des observations générales, sommairement exposées dans le présent rapport, conduit à cette conclusion que l'organisation des chemins de fer doit être modifiée et perfectionnée pour être pleinement adoptée aux conditions actuelles de la situation économique et pour être orientée vers des améliorations sans cesse nécessaires.

Conclusions et vœux.

Le Congrès du Génie civil,

Considérant que le progrès méthodique et continu des chemins de fer est d'une importance capitale pour l'industrie nationale;

Qu'après la guerre, la situation des administrations de chemins de fer exigera une organisation nouvelle pour réaliser les améliorations et les développements indispensables à l'avenir de la France,

Emet les vœux suivants :

1° Qu'une entente intervienne entre l'Etat et Compagnies de chemins de fer afin de les indemniser des pertes qu'elles ont subies et des réparations qui sont nécessitées par suite de la guerre considérée comme un cas de force majeure non prévu par les conventions;

2° Que les réseaux des chemins de fer d'intérêt général soient remaniés dans leur consistance territoriale et regroupés après une revision détaillée, afin de réunir sous la conduite de chaque administration exploitante un ensemble plus cohérent et mieux adapté au service des intérêts généraux;

3° Que la durée des concessions aux Compagnies exploitantes soit prolongée et que leur situation financière soit réorganisée, en vue de leur permettre de réaliser les ressources nécessaires à l'amélioration et au progrès des réseaux, et de concilier le mieux possible les intérêts particuliers de leurs actionnaires avec le développement nécessaire de l'industrie et du commerce ;

4° Que les administrations exploitantes mettent en commun leurs études et leurs essais, qu'elles fassent appel à tous les concours utiles pour l'étude des projets et l'exécution des travaux; qu'elles s'efforcent d'uniformiser le plus grand nombre possible d'éléments ou même de types de matériel, de régulariser leurs commandes et de les échelonner, afin d'en faciliter l'exécution en France à des prix plus réduits et de donner, en même temps, une aide efficace à l'industrie nationale;

5° Que le contrôle des administrations exploitant les réseaux de chemins de fer soit élargi et comprenne, en même temps que les fonctionnaires de l'Etat, des personnalités désignées par les Chambres de commerce pour représenter les intérêts industriels et donner une impulsion efficace aux administrations de chemins de fer pour le bien général du pays.

Décembre 1917.   PAUL TOULON.

Président : M. LE COMMANDANT CLOAREC.

RAPPORT

de M. Jean HERSENT

SUR

l'Utilisation des Ports de Commerce.

Exposé.

L'un des éléments essentiels de la vitalité d'un pays réside dans le fonctionnement de l'exploitation des ports de commerce et cela mérite de retenir d'autant plus notre attention que les méthodes employées jusqu'ici sont loin d'avoir été parfaites. L'encombrement de ces grands « carrefours des voies de terre et de mer » vient de nous démontrer l'insuffisance de leur aménagement.

Il serait injuste de critiquer le passé de notre organisation en la jugeant d'après les difficultés présentes compliquées par l'état de guerre au point de les rendre anormales.

Cependant, si nos places maritimes avaient été (comme elles auraient dû l'être) pleinement outillées de façon à satisfaire aux seuls besoins du temps de paix, l'engorgement dont elles souffrent eût été moins grave.

Aussi, devons-nous nous incliner devant cette vérité mise en évidence : c'est que pour répondre à la fois aux dimensions croissantes des navires, à l'augmentation continue de leur nombre, il est plus que nécessaire, il faut que de très importants progrès soient réalisés dans nos grands ports en ce qui concerne leur aménagement et leur régime d'exploitation.

L'important est d'aller vite. Les énormes besoins de moyens de transports nés de la guerre continueront à faire sentir leur influence pendant de longues années après la cessation des hostilités.

Efforçons-nous, préparons-nous à y faire face. Sans plus tarder et partout où cela sera possible, contentons-nous de suivre l'exemple donné par les Américains ; procédons comme eux à des installations dites provisoires, solides, économiques, rapidement construites, wharfs, piers, estacades réclamées par les Compagnies de navigation et satisfaisants aux besoins immédiats.

Nous devons reconnaître que le programme Freycinet (400 millions de francs en 1878) fut réparti sur 76 ports, puis le programme Baudin (86 millions de francs) fut réservé à 10 grands ports. Mais ces sommes furent insuffisantes, alors que les nations voisines, mieux outillées, purent profiter jusqu'à ce jour des échanges et accaparer à leur profit les grands courants de transit.

Il est hors de doute que cette situation n'apparaisse de plus en plus désastreuse dans l'avenir, si nous hésitons à décongestionner les ports en organisant des moyens de communications rapides et faciles par voies fluviales et ferrées entre les différents centres de production et leurs débouchés naturels : par exemple relier la Suisse par Bâle à nos ports maritimes du Nord et de l'Ouest et Sud-Est par des voies navigables car la Suisse pouvant devenir, avec le lac Léman et le lac de Neuchâtel, le nœud des voies navigables de l'Europe centrale, demande à se rattacher à la mer, ellel peut par le Rhin et par les fleuves français : Rhône, Loire, Seine.

Actuellement, la France et l'Italie n'ont à leur service que des voies ferrées pour alimenter la Suisse, tandis que l'Allemagne dispose de la grande voie fluviale le Rhin. Nous observerons que tout ce qui vient d'outre-mer à destination de la Suisse peut lui parvenir en traversant la France et que la ligne directe pour les marchandises des États-Unis à destination de l'Europe centrale est la voie navigable rattachée à la Saône et au Rhône par le système des canaux ou éventuellement par la Loire rendue navigable. En outre, pourquoi ne pas envisager la création en Suisse de zones franches destinées à concurrencer le mouvement commercial allemand. Réduite à deux termes : Rhin ou fleuves français, la question doit être résolue au profit de la France.

D'autre part, l'exposé des chiffres suivants démontre que la production mondiale en tonnage marchand disponible après la guerre, malgré les torpillages, ira en augmentant car toutes les nations intensifient le tonnage neuf destiné au commerce.

Comparaison du tonnage mondial de 1913 à 1916.

1913		1914		1915		1916	
Unités navires	Tonnage	Unités navires	Tonnage brut	Unités navires	Tonnage brut	Unités navires	Tonnage brut
1.750	3.352.882	1.319	2.852.755	793	1.401.628	1.383	1.919.096

Et cette activité de construction augmentera en 1917, et dépassera

2 millions de tonnes. Les États-Unis, à eux seuls, ont en cours de montage 1.500.000 tonnes; il est donc à prévoir que le développement des chantiers navals anglais, canadiens, japonais et hollandais, sans parler des allemands eux-mêmes, ira en croissant dans de grandes proportions, ce qui justifie la nécessité de développer rapidement nos ports de commerce dont le tonnage suivra une marché ascendante nettement définie après la guerre. En considérant cet avenir prospère, devons-nous « ne rien décider et n'entreprendre rien » ?

L'agrandissement des ports et la construction des voies navigables contribuera puissamment au relèvement de notre marine marchande tombée au cinquième rang après avoir occupé le second. L'abaissement de notre marine marchande ne doit pas persister en raison du développement de notre empire colonial, 50 fois plus grand que la France, et de l'extension de notre commerce d'exportation qui ne saurait être prospère si, pour transporter les produits de nos usines, nous en sommes réduits à emprunter le pavillon de nos concurrents directs.

Il faut donc que nos ports soient susceptibles de faire face à toutes les exigences de la navigation et du commerce et que l'on soit bien pénétré que, plus ils présenteront aux navires des abris sûrs, des accès faciles à toute heure, de grands développements de quais facilitant le chargement et le déchargement des marchandises des bassins de radoubs pour les réparations, plus les ports seront fréquentés. « Le port doit attirer le navire. »

Améliorer, développer l'outillage, transporter à bon marché les marchandises, ne pas éparpiller nos efforts et les concentrer sur des œuvres d'utilité publique en créant de nouvelles voies de transit et en améliorant celles qui existent, organiser nos grands ports de l'Atlantique qui intéressent nos relations internationales, tel est notre programme pour la réalisation duquel nous ne demandons pas à l'État d'assumer toutes les charges financières.

La part du Génie civil et du capital français dans le développement des œuvres d'utilité publique et la mise en valeur de l'Amérique du Sud a été considérable.

Au cours des quinze dernières années, la France est intervenue dans la construction des ports sud-américains pour une somme de 880 millions de francs environ, sur un total de 1.325 millions de francs. La différence de 400 millions de francs est revenue à des constructeurs anglais et l'Allemagne n'y a participé que pour une somme de 45 millions de francs.

Durant cette même période, la France a participé à la construction, des chemins de fer pour une somme globale de 1.450 millions contre une participation anglaise de plus du triple, tandis que la part de l'Allemagne a été pour ainsi dire nulle.

Malgré la force d'inertie opposée en France à l'initiative privée qui a donné à l'étranger les preuves de sa valeur, il faut reconnaître que l'État français ne pourra pas seul, après la guerre, répondre à l'effort financier énorme qui s'imposera.

On comprendra la nécessité de rechercher une meilleure méthode de travail basée sur le concours de l'initiative privée en tenant compte des responsabilités qu'elle veut bien assumer.

C'est dans cet ordre d'idées, depuis plus de vingt ans que l'Association pour le Développement des Travaux publics, la Ligue Maritime et la Fédération Industrielle et Commerciale ont, dans leurs différents congrès et réunions, adopté et soumis à l'examen des Pouvoirs publics des vœux motivés.

D'autre part, avec toute l'autorité qui s'attache à ses études, M. le Sénateur Audiffred, au nom de la Commission de l'Outillage national chargée d'examiner une proposition de loi relative à l'achèvement des ports et des voies navigables, a établi un rapport dont les conclusions constituent une étape intéressante vers la solution cherchée.

Enfin, la Commission extra-parlementaire des Grands Travaux de Navigation instituée en 1912 par M. Dupuy, ministre des Travaux Publics, et présidée par M. de Freycinet, a reconnu également que l'État devait examiner les combinaisons susceptibles d'éviter, autant que possible, les emprunts financiers.

Nous nous acheminons lentement vers le but poursuivi. Aussi devons-nous exposer nettement notre manière de voir et examiner successivement la construction, l'outillage, l'exploitation et les zones franches des ports.

CHAPITRE PREMIER

CONSTRUCTION

Programme d'exécution. — Répartition des dépenses mise au concours.

Le Congrès de l'Association pour le développement des Travaux publics de 1903 signalait la nécessité d'établir un programme d'ensemble des travaux publics en tenant compte des progrès réalisés dans les constructions navales et la concurrence transocéanique, afin que les plus grands paquebots puissent entrer et manœuvrer à toute heure le long des quais en eau profonde.

Le Congrès demandait que ce programme fût élaboré par une commission mixte composée par parties égales de représentants de l'Administration et de délégués de l'activité industrielle et maritime des régions intéressées.

Il souhaitait que le programme de mise au point de notre outillage national ne fût pas basé sur une répartition de crédits entre un trop grand nombre de ports, mais que le grand effort soit limité aux ports principaux.

Le Congrès de 1907 a préconisé le système de la mise au concours de la construction des ports qui fait appel à l'initiative de toutes les compétences techniques et financières qui proportionne le mieux les dépenses à faire aux résultats à obtenir tout en réduisant les charges de l'État.

On fit remarquer qu'il ne suffisait pas que de grands travaux fussent jugés nécessaires et classés, mais que l'on fît appel à toutes les bonnes volontés, à toutes les initiatives, car quelque ingénieux que soit l'initiateur, il ne peut avoir tout prévu et le concours d'un certain nombre de personnes peut révéler des nécessités auxquelles il n'avait pas songé.

Des concours furent institués et c'est au Havre que, pour la première fois, en 1909, fut appliquée cette nouvelle pratique des adjudications, concours qui, à l'étranger, avait donné d'heureux résultats.

Ces concours furent renouvelés pour Marseille, Toulon, Bizerte, Lorient, Cherbourg, et la Chambre de commerce de Bordeaux mettait au concours l'amélioration du port et de ses accès.

L'Office des Transports des Chambres de commerce du Sud-Est organisait le concours pour l'amélioration de la vallée du Rhône; ainsi s'est posé le problème de la collaboration de l'élément exploitant.

Lorsqu'il construit pour l'avenir, le constructeur a pour grand souci de faire très bien, aussi n'a-t-il pas la préoccupation d'une exécution rapide. L'exploitant, au contraire, tout en désirant une bonne exécution, veut surtout ne pas perdre le fruit de sa conception et les intérêts de ses capitaux, c'est-à-dire rendre l'affaire improductive. Il cherche des solutions parfois moins élégantes mais d'une conception plus immédiate.

De cette collaboration entre l'élément constructeur et l'élément exploitant résultera une activité plus grande dans la construction et partant, plus économique, plus appropriée aux besoins et satisfaisant à l'intérêt général.

C'est par ces résultats précieux que se légitime la nécessité de la mise au concours telle que nous l'avons définie et qui permettra le développement normal de nos grands travaux à la fin des hostilités.

La France n'a pas encore ses grands ports aussi développés qu'on peut le souhaiter et, en demandant qu'il soit procédé par préférence à leur complète organisation, on n'a pas sous-entendu qu'un privilège était créé au profit des grands ports au détriment de ceux de deuxième ou troisième ordre.

Dans le régime des transports sur voies ferrées, il fut procédé à l'outillage, à l'agrandissement des grandes gares de réception et de transit, puis successivement, suivant les indications du trafic à l'amélioration des stations de deuxième ordre ou de peu d'importance; de même il sera nécessaire d'appliquer cette méthode rationnelle aux ports de moyen ou de faible tonnage.

Le programme de construction devra comprendre, exposer les avantages de ces ports ou les insuffisances auxquelles il appartient de porter remède. Il faudra *étudier en commun* les moyens d'améliorer et d'étendre ceux qui offrent un réel intérêt, fût-il simplement régional, en un mot chercher les sources de travail partout où elles se trouvent, quelle que soit leur importance, au profit de l'industrie française.

Que les ports soient de grand ou de faible tonnage, il faut étudier en elle-même chacune de ces entreprises et leur appliquer le mode d'exécution, le système d'exploitation et le régime financier qui convient, et c'est à l'initiative privée aidée du concours bienveillant de l'Administration, qu'est réservé le grand rôle d'aboutir.

Rappelons à ce sujet les paroles du regretté et éminent Charles Prevet, président du Congrès National des Travaux Publics de 1912.

« Nous nous tournerons vers l'Administration pour lui demander d'entrer le plus rapidement possible dans cette voie. Nous la prions de vouloir bien donner à ce pays une poussée de travaux qui soit à la fois un emploi de ses capitaux, un développement de son outillage national, du travail pour son monde ouvrier, un élément important pour la prospérité nationale. »

Conclusion. — 1° Développer la mise au concours des projets de travaux à exécuter dans les ports.

2° Répartir les dépenses afférentes aux différents ports en grande partie sur les principaux ports.

Constructions économiques. — Dispositifs des wharfs.
Rapidité d'exécution. — Rades-abris.

L'aménagement de bassins, de digues, de jetées suivant nos méthodes habituelles françaises entraîne des dépenses considérables.

En créant des quais de plus en plus longs et larges nous arriverons à un système puissant, mais d'exécution lente et dispendieuse et ne répondant pas aux besoins immédiats de l'importation et de l'exportation.

Aussi, pour atteindre rapidement le but et ne pas fermer la porte aux progrès possibles, doit-on prévoir, à l'intérieur des bassins, au lieu de moles ou traverses en maçonnerie pleine, des wharfs ou piers, jetées ou estacades construits en fer, bois ou ciment armé.

Ces ouvrages peuvent être construits dans un délai de quelques mois, c'est-à-dire avec une grande rapidité d'exécution et répondre aux besoins immédiats du mouvement maritime.

Leur prix de revient peu coûteux permet de les établir en séries parallèles en adoptant les dispositions nouvelles facilitant tout à la fois l'entrée et la sortie des navires dans les darses, de même que l'installation des voies ferrées qui les desservent.

C'est ainsi que les Américains envisagent à Welmington, sur la rivière Delawarre, l'agrandissement de ce port à l'aide de piers-wharfs supportant les hangars, magasins munis d'appareils de manutention. Ces installations pratiques, d'un prix peu élevé et rapidement exécutées sont reliées entre elles par des voies ferrées en connexion avec les grandes lignes.

Si nous comparons un mur de quai fondé à l'air comprimé dont la solidité défie les éléments et coûtant 20.000 francs au mètre linéaire à une estacade et à un ensemble de Ducs d'Albs fondés à 16 mètres avec 10 mètres d'eau au pied du mur et dont le prix ne dépassera pas 6.000 francs le mètre courant, il est facile de se rendre compte que l'estacade est plus avantageuse à égalité de tonnage manipulé. De plus, ces installations rapidement construites peuvent être modifiées, même démolies après avoir rendu les services auxquels elles étaient destinées et faire place à de nouveaux ouvrages répondant à d'autres besoins plus modernes.

Les Compagnies de Navigation, les armateurs réclament ces constructions rapides et légères, permettant l'accostage des navires, car ce qu'il faut dans nos ports encombrés, c'est la rapidité des manutentions, l'acheminement immédiat des marchandises dans toutes les directions. Or, cette rapidité dépend de la longueur des quais ou des pontons accostables évitant les attentes interminables en rade ou au milieu des bassins. Chaque minute d'attente, de stationnement représente pour tout paquebot une somme de frais considérables sans compter les surestaries, et la vitesse devient ainsi le facteur principal du jeu économique dans les ports ayant une répercussion directe sur l'abaissement des prix de frets. Aussi, pour compléter cet ensemble, devons-nous examiner la création d'un outillage puissant mis au service de l'accroissement incessant du tonnage de nos ports maritimes.

Conclusion. — 1º Prévoir des ouvrages de constructions économiques et rapides partout où les conditions techniques le permettront.

2º développer le système américain des dispositifs en wharfs qui permet toute extension ultérieure du port.

Rades-abris. — Les événements actuels ont démontré l'insuffisance du développement des avant-ports, notamment au Havre où l'avant-port n'est plus en harmonie avec les ouvrages maritimes en construction et en projet.

Trop fréquemment les navires ont été obligés au stationnement en pleine mer attendant, pendant plusieurs jours, leur tour d'entrée dans l'avant-port.

Conclusion. — Il semble logique, pour parer dans l'avenir à cette défectuosité, d'étudier des rades abris dans nos principaux ports, notamment au Havre. Au point de vue militaire ces rades pourraient abriter une flotte et le port serait ainsi fermé aux incursions ennemies.

CHAPITRE II

OUTILLAGE

**Terre-pleins. — Appareils mécaniques.
Hangars. — Voies ferrées.**

Les améliorations qui précèdent ne seraient pas suffisantes si nous ne pouvions obtenir que la rapidité d'accostage et de démarrage et nous devons considérer les diverses opérations qu'exige le trafic d'un port.

Un port est une véritable usine de manutention, un organisme de suture entre les voies ferrées et les voies de navigation intérieure d'une part et les grandes routes maritimes de l'autre.

Or, la valeur de cet organisme réside dans la disposition même des installations, dans le perfectionnement de l'outillage et dans la rapidité de toutes les opérations de transit, qu'il s'agisse de marchandises ou de voyageurs.

Tout port maritime doit être muni d'engins de levage variés et puissants, de vastes terres-pleins et hangars, de voies ferrées qui amènent les wagons auprès des navires et à l'arrière des quais, d'un réseau étendu de voies de garages, de stationnement et de triage.

Le port ainsi outillé pourra donner le maximum de rendement par mètre linéaire de quai. Le rendement actuel par mètre courant de nos quais n'a pu atteindre qu'une moyenne de 600 tonnes et l'on arrive à 1.800 tonnes pour les charbons ou marchandises pondéreuses. Ces moyennes sont largement dépassées dans les ports étrangers d'Europe et d'Amérique.

Notre infériorité tient à ce que l'on a trop souvent répété que les installations modernes ne trouveraient pas leur utilisation rationnelle dans nos ports par suite de l'irrégularité du tonnage à manipuler. La guerre, avec l'intensification de la manutention des marchandises pondéreuses a prouvé le contraire et rien ne vient déterminer que ce courant de trafic important cessera avec les hostilités.

A l'heure présente, un exemple intéressant nous est donné par les installations que les Américains ont créées à Saint-Nazaire pour la manutention et l'ensilosage des céréales, installations provisoires et utiles qui suggèrent à nos esprits qu'il convient de faire judicieusement le choix de quelques ports principaux pour y concentrer les marchandises demandant des manutentions spéciales et où l'outillage modernisé donnerait son plein effet.

De même que nos quais, les docks, les magasins, les entrepôts n'ont pu, depuis la guerre, parer aux besoins du trafic.

Les marchandises, même périssables, furent amoncelées, exposées aux intempéries, et subirent de rapides dépréciations. Pour éviter, dans l'avenir, ces graves inconvénients, il faut donc organiser, moderniser cette section importante de notre outillage, imiter l'étranger qui, lui, n'a pas craint de construire sur les quais les wharfs mêmes, des magasins à plusieurs étages armés de puissants appareils de levage facilitant le chargement et le déchargement simultané des navires.

Le rôle de la voie ferrée et du matériel roulant, dénommé à juste titre « les magasins roulants », doit faire l'objet d'une étude judicieuse de lignes d'évacuation vers les gares de départ, car la multiplicité du matériel roulant devient de l'encombrement s'il est mal utilisé.

Pour nous résumer, nous demanderons que l'on consente enfin à appliquer les méthodes nouvelles susceptibles de parer aux insuffisances constatées : modernisation de l'outillage, appareils de levage et de manutention adaptés aux systèmes d'accostage, raccordement des voies de quais avec les gares directes de départ, terre-pleins spacieux, silos élévateurs, hangars et magasins pourvus de tous les perfectionnements dont l'étranger retire un incontestable profit. Là aussi, l'étude du plan général des améliorations d'un port joue un grand rôle. Il faudrait logiquement que le même service étudie simultanément les quais, l'outillage et les voies ferrées afin de constituer un ensemble approprié.

En France, l'administration des Ponts et Chaussées étudie les quais, la Chambre de commerce l'outillage et les Compagnies de chemins de fer les voies ferrées, de telle sorte que les Chambres de commerce ne peuvent prévoir l'importance de l'outillage mécanique que pendant l'exécution des quais.

Il est probable qu'avec le tirant d'eau toujours plus grand demandé par la navigation, devant les quais, on sera obligé, dans l'avenir, à construire des estacades en ciment armé, reliées aux terre-pleins par des passerelles desservies comme outillage par des transbordeurs aériens.

Conclusion. — 1° Etude de l'outillage et voies ferrées faite en même temps que celle des ouvrages fixes et sur un plan d'ensemble.

2° Modernisation de l'outillage.

3° Prévoir de vastes terre-pleins derrière les quais ; au moins 300 mètres de profondeur.

4° Raccordement judicieux des voies de quais avec les lignes de départ.

Bassins à flot. — Bassins de radoub.

Depuis 1838, époque de l'introduction de la vapeur dans la navigation transocéanique, les dimensions des navires n'ont cessé d'aller en augmentant.

En 1838, tonnage brut. . 1.340 tonneaux : *Great Western*.
En 1907, — . . 31.900 — : *Lusitania*.

L'avenir est aux navires de grandes dimensions, soit pour le transport des voyageurs ou celui des marchandises, car l'accroissement de tonnage a pour but l'abaissement des prix des frets.

Nous connaissons tous les difficultés que nos grands transatlantiques éprouvent pour rentrer à toute heure de jour et de nuit dans les bassins et accoster aux quais.

Cela tient à ce que, lors de la construction de ces ouvrages, on n'a pas devancé les progrès de l'architecture navale.

D'autre part, étant donné les délais de temps très longs que demande l'exécution de semblables constructions, les ouvrages ainsi construits se trouvent démodés ou insuffisants quand ils entrent en service.

Aussi, pour tenir compte de l'augmentation toujours croissante de la dimension des navires, paraît-il logique de s'attacher, par préférence, au développement des bassins de marées au lieu des bassins à flot.

Le plus grand bassin de radoub pour les navires de commerce est en ce moment en construction au Havre.

Il est susceptible de servir à l'entretien et à la réparation d'un navire mesurant 300 mètres de long, 37 mètres de large et 13 mètres de tirant d'eau.

Toulon et Brest sont munis de formes de radoub à double entrée.

Ce type de formes, de grandes dimensions permet de réparer un grand navire ou deux navires de dimensions moindres et la double entrée rend indépendante l'arrivée et la sortie de l'un et de l'autre navire.

La réparation des navires étant ainsi facilitée, et partant activée, il y a lieu de faire généraliser l'adoption de ces bassins de radoub dans nos principaux ports.

Conclusion. — 1º Développer les bassins à marée en eau profonde.

2º Développer la construction des grands bassins de radoub à double entrée quand les dispositions du port le permettent.

Vœux.

Considérant la nécessité de construire vite et économiquement les ouvrages qui doivent répondre à l'accroissement du tonnage de la marine marchande, le Congrès émet le vœu :

a) Que pour les ouvrages importants il soit établi et mis au concours un programme de prévisions correspondant aux besoins de l'avenir, et que les efforts essentiels soient répartis principalement sur quelques grands ports.

b) Qu'il soit prévu des ouvrages de construction économique et rapide tels que des estacades, piers ou wharfs, ducs d'Albe à l'exclusion de quais pleins, partout où les conditions techniques le permettront.

II. — Considérant que les plans des bassins doivent prévoir l'avenir, le Congrès émet le vœu que soit adopté et développé le système usité en Amérique de wharfs parallèles qui, en permettant l'allongement des ports, facilite aussi l'installation des voies ferrées de service.

III. — Considérant que le développement des ouvrages intérieurs de nos ports demande la création de rades-abris, le Congrès émet le vœu que des rades-abris soient envisagées et étudiées aux ports du Havre.

IV. — Considérant l'importance jouée par l'outillage dans nos ports, le Congrès émet le vœu que l'étude de l'outillage mécanique soit faite en même temps que celle des ouvrages fixes et sur un plan d'ensemble.

Que l'on applique les méthodes nouvelles en modernisant l'outillage, en adaptant les appareils de levage et de manutention aux systèmes d'accostage.

Que l'usage de l'outillage soit mis à la disposition de toutes les marchandises susceptibles d'en profiter.

Qu'il soit prévu des terre-pleins spacieux, hangars, silos, élévateurs, magasins pourvus de tous les perfectionnements modernes.

Enfin, que les raccordements de voies de quais avec les lignes des gares de départ direct fassent l'objet d'une étude attentive afin d'éviter les encombrements et l'amoncellement des marchandises dans les ports de commerce.

V. — Considérant l'augmentation croissante des dimensions des navires et les difficultés qu'ils rencontrent pour entrer de jour et de nuit dans les bassins à flot ;

Considérant l'insuffisance des bassins de radoub actuels pour la réparation ou l'entretien des navires,

Le Congrès émet le vœu :

1° Développer les bassins à marée en eau profonde.

2° Développer la construction des grands bassins de radoub à double entrée quand les dispositions du port le permettent.

CHAPITRE III

Régime d'exploitation.

Exposé. — L'organisation rationnelle d'un système de travaux publics capable de produire des résultats permanents s'impose impérieusement et, sous aucun prétexte, on ne saurait renoncer à l'étude définitive d'un organisme financier à l'abri de toutes les crises et applicable aux travaux d'intérêt général ports et voies navigables. Nous voulons parler du régime d'autonomie et de celui de la concession avec ou sans garantie.

Ces deux moyens ont subi l'épreuve d'une longue expérience puisqu'ils ont été utilisés, non seulement pour la construction des chemins de fer et leur exploitation en France, mais appliqués aussi dans nos protectorats et colonies à la mise en œuvre de grands ports et de réseaux ferrés importants.

A l'étranger, en Europe et en Amérique du Nord et du Sud, les États ne contribuent que pour une part minime dans la construction et le développement des ports, laissant à l'initiative privée la responsabilité et le profit attachés à la réussite de ces entreprises.

Si l'on veut des exemples, citons : Anvers qui a consacré depuis

30 ans 200.000.000 de francs à son port. La municipalité de New-York affecte annuellement 57.000.000 de francs au port et les entreprises privées construisent elles-mêmes leurs jetées, y placent les grues, des voies ferrées, en un mot tout le matériel nécessaire à leurs opérations et, en outre, les Compagnies de navigation ont dépensé des sommes considérables.

En Angleterre, il a été dépensé depuis 1870, pour le port de Newcastle, 180 millions ; pour le port de Liverpool, de 1889 à 1902, 112 millions.

En Allemagne, le port de Hambourg, de 1880 à 1905, a dépensé 350 millions de francs ; Brême, de 1885 à 1902, 104 millions, sans qu'il ait été fait appel au concours financier de l'Etat.

Tels sont les effets de l'autonomie dans les ports de commerce ; il en est de même pour le régime de concession avec ou sans garantie.

Examinons, maintenant, la différence de traitement dont jouissent en France les travaux des ports et ceux des chemins de fer, et le résultat des comparaisons nous révèle la cause de la prospérité des uns et de l'insuffisance des autres ; vous serez les juges avertis de cette anomalie.

Les Compagnies de chemins de fer d'intérêt général ou d'intérêt local ont pu agrandir leurs gares, développer leurs réseaux ferrés, perfectionner le matériel roulant grâce au système financier qui permet d'acquitter les dépenses considérables faites chaque année, par des annuités remboursables à l'aide de recettes assurées par la garantie d'intérêt. Ces sommes sont inscrites aux divers budgets pour être affectées au paiement des intérêts des sommes dépensées et à l'amortissement de ces dépenses en un très grand nombre d'années.

La génération qui engage ces travaux ne paie qu'une partie des sommes susdites et cette part minime, en soi, est encore réduite par les profits directs, le partage des bénéfices, les impôts perçus et aussi par les bénéfices indirects qui se traduisent par l'accroissement de la richesse publique.

L'Etat consacre 300 millions par an à l'extension du réseau des chemins de fer et il en a retiré :

En 1906 : 275 millions de produits directs ;
Et en 1909 : 322 millions de produits directs.

Un système tout différent est suivi pour les ports et la navigation intérieure et c'est là, il ne faut pas se le dissimuler, que réside la cause véritable de l'infériorité de nos grands ports et de nos voies navigables.

Pour cette partie, si importante de l'outillage national, la génération qui effectue la dépense, les paie en entier. Aussi ajourne-t-on les plus nécessaires et exécute-t-on avec une lenteur préjudiciable ceux que l'on entreprend. Que faire de sérieux, en effet, avec des crédits annuels de 18.000.000 par an pour les ports et de 21 millions pour les canaux ? Alors que si l'on affectait les 2/3 de ces crédits annuels à gager des annuités de remboursement, ou à servir des garanties d'intérêts on pourrait consacrer aux travaux publics une somme voisine de 600 millions qui permettrait de constituer immédiatement une fraction importante de l'outillage national.

L'Etat retire de l'exploitation des ports comme de celle des chemins de fer un revenu direct venant en déduction des charges qu'il assume.

Il n'existe donc aucun argument plausible qui puisse, ni en droit, ni en fait, déterminer l'État à maintenir le système financier actuel et ne pas appliquer à nos ports de commerce la méthode qui a permis le grand essor des voies ferrées confiées à des compagnies grandes et petites.

Dans les Congrès de 1900, 1903, 1907 et 1912, les sections de l'Association française des Travaux publics ont signalé l'urgence de modifier le régime d'exploitation de nos ports.

De leur côté les Compagnies de navigation, à plusieurs reprises, attirèrent l'attention des Pouvoirs publics sur les énormes difficultés qu'elles rencontraient et aussi sur les pertes qu'elles subissaient du fait de l'insuffisance de nos grands ports.

La Ligue maritime, le Comité des Armateurs de France se sont fait, eux-mêmes, l'interprète de tout l'armement afin de réclamer la transformation du régime actuel.

En 1907, après de nombreuses discussions auxquelles M. Millerand prit une part active, le Congrès émit le vœu suivant :

« Dans le but de soulager les finances publiques et éviter que la marche des travaux et installations maritimes souffrent des insuffisances budgétaires, le Congrès était d'avis que l'Etat devrait avoir recours, dans certains cas, pour la construction et l'exploitation des ports à des corporations ou à des sociétés concessionnaires qui participeraient dans les dépenses de premier établissement et se récupéreraient par les produits de l'exploitation.

En 1909, à l'ouverture du Congrès de la Rochelle, la discussion sur le régime administratif et économique des ports fut reprise avec un intérêt tout spécial.

Autonomie. — Un projet de loi visant l'autonomie des ports venait d'être élaboré et adressé pour avis aux Chambres de commerce.

Constatons que s'il ne répondait pas entièrement aux desiderata formulés, ce projet de loi constituait cependant un premier pas dans la voie tracée par les Congrès. La loi fut votée et son règlement publié, mais les Chambres de commerce hésitèrent à l'appliquer.

On pouvait en effet reprocher au règlement de n'avoir pas tenu compte dans la composition du Comité exécutif des ports des observations présentées par les Chambres de commerce.

En effet, le titre seul a changé, les fonctions restent les mêmes. Le Comité exécutif d'un port devrait être composé de personnalités compétentes et responsables à la façon du Conseil d'administration des sociétés anonymes et le Comité effectif de direction serait choisi dans le sein de ce conseil.

Le Comité devrait avant tout s'appuyer sur un concours effectif du commerce, de l'industrie, de l'armement, de la finance, non seulement locale mais de la région entière qui se trouve liée au développement du port, et c'est justement la composition prévue du Comité autonome qui, n'ayant rien changé à la situation primitive n'incite pas les Chambres de commerce à en faire l'essai.

L'expérience a montré, dit M. Paul Cloarec, la nécessité de créer cette direction unique que les marins réclament depuis si longtemps pour chaque port et il demande que la loi de 1912 ne soit pas indéfiniment retardée par l'élaboration de règlements contradictoires, au point qu'une nouvelle loi paraît nécessaire pour tout remettre au point, et il ajoute : ayons le courage de reconnaître que notre infériorité sur mer tient à l'absence de méthode.

Nous devons nous inspirer de ces considérations pour rendre aussi pratique que possible l'application du régime d'autonomie.

Concession avec ou sans garantie. — Le régime d'exploitation sous forme de concessions avec partage des bénéfices entre les concessionnaires et l'Etat est applicable dans toute création nouvelle. La commission extra-parlementaire en préconisait l'application au port du Verdon.

En mars 1914, l'Association française pour le développement des Travaux publics adressait à MM. les Sénateurs et Députés une circulaire sur le développement de notre outillage national dans laquelle elle concluait de la façon suivante :

« Convaincus du péril qu'il y aurait à laisser les instruments mêmes de la prospérité nationale dans l'état précaire et suranné où ils se trouvent à l'heure actuelle, les groupements d'intérêts économiques considérables que nous représentons sollicitent les Pouvoirs publics d'entrer, immédiatement et énergiquement, dans la voie des réalisations du vaste programme de travaux publics reconnus indispensables par toutes les compétences et notamment par la Commission extra-parlementaire des grands travaux de navigation. »

« Comme procédés pratiques, nous préconisons, d'une part, l'appel au crédit national par voie d'emprunts séparés, affectés à des œuvres nettement définies, conformément au mode industriel, arrêtant dès maintenant leur répartition et leur emploi suivant l'avis éclairé des Commissions compétentes et, d'autre part, le concours le plus large de l'initiative et des capitaux privés, secondés par les Pouvoirs publics sous le contrôle de l'administration. »

« C'est là, à notre avis, le seul moyen efficace d'accroître nos ressources contributives, devenues insuffisantes et de trouver dans l'exécution et l'utilisation des ouvrages considérables projetés, un juste profit pour la richesse nationale, un travail rémunérateur assuré pour nos ouvriers, une ample contribution aux dépenses de notre budget. »

Cette solution qui se rapproche de celle appliquée avec succès à nos compagnies de chemins de fer est préconisée par M. le sénateur Audiffred dans son rapport déposé sur le bureau du Sénat en septembre 1916, au nom de la Commission de l'outillage national chargée d'examiner la proposition de loi relativement à l'achèvement des ports et voies navigables. Voici le texte de cette proposition de loi :

Projet de loi.

Ports et voies navigables.

ARTICLE PREMIER. — Les travaux relatifs aux ports et voies navigables sont exécutés suivant l'un des modes financiers ci-après.

« Ils sont payés à l'aide des crédits inscrits annuellement au budget, lorsqu'ils n'excèdent pas en totalité la somme de deux millions.

« Lorsqu'ils excèdent cette somme ils sont payés : soit à l'aide de garanties d'intérêt avec concessions de droits de péage accordées à des Chambres de commerce isolées ou groupées en syndicats et à défaut des Chambres de commerce à des compagnies spéciales, soit à l'aide d'emprunts dont les annuités sont inscrites au budget, soit à l'aide de ces deux moyens combinés (emprunt et garantie d'intérêt).

« Les conditions des emprunts à contracter directement ou par l'intermédiaire des Chambres de commerce, les travaux de construction et d'exploitations concédés, annuités de remboursements, avec garantie d'intérêt et droit de péage doivent, pour chaque entreprise, être votés par une loi. »

Il n'est pas possible d'envisager l'avenir des ports sans faire état de la situation du Trésor après la guerre. Quelles que soient les conditions de paix, il n'est pas douteux que les finances nationales exigeront une gestion prudente, économe, et que l'Etat ne pourra se lancer dans des dépenses considérables toutes productives qu'elles puissent être.

Cependant, si l'Etat veut conserver sans faiblir sa puissance d'emprunter des organismes comme nos ports sont, essentiellement, de nature à augmenter ses revenus et, comme conséquence, son intérêt immédiat est de favoriser l'extension pratique des ports de mer.

D'autre part, l'Etat ayant engagé dee capitaux énormes dans la construction des ports, l'idée de voir l'Etat s'en dessaisir ne saurait venir à l'idée de quiconque.

Ainsi est-on conduit à aiguiller l'opinion publique vers l'association avec l'Etat sous l'une des formes que nous avons envisagées et préconisées dans le projet de loi Audiffred.

Autonomie. — Concession avec ou sans garantie ou toute autre méthode mixte permettant, par la création des capitaux nécessaires et de leur gestion rationnelle, la libération de nos ports des entraves surrannées qui arrêtent leur essor.

Sommes-nous capables de cet effort financier ?

La France épargnait avant la guerre deux milliards par an et ces capitaux allaient en partie outiller les ports concurrents.

Les prêts faits à l'étranger s'élèvent, actuellement, à plus de 40 milliards.

Nous devons contribuer au progrès mondial, mais nous avons aussi le devoir de garder pour notre pays une partie des capitaux qui permettent les entreprises et créent la richesse.

Sur les milliards dépensés pendant la guerre actuelle, une importante partie sera restée dans les mains de nos nationaux. Elle y restera sous forme de circulation fiduciaire, de papier qui ne manquerait pas de se déprécier si les détenteurs ne comprenaient pas qu'il faut faire fructifier ces sommes disponibles en les reportant de préférence sur les grandes œuvres productives.

L'avenir de nos ports se trouve donc entre les mains de l'Etat qui ne manque pas de moyens d'en tirer avantageusement parti en ayant recours soit à l'autonomie pratiquement réalisable, soit à la concession avec ou sans garantie.

CHAPITRE IV

Zones franches.

Les Congrès nationaux des Travaux publics ont émis des vœux appuyés par les Chambres de commerce des grands ports, les syndicats des exportateurs et divers autres groupements intéressés, demandant la création de zones franches. Des projets de loi ont été déposés par MM. Thierry, Rispail, Brindeau et Jourde, députés.

D'autre part, les dépôts francs, tels Gênes, les ports francs Trieste Fiume, les ports ou zones franches, tels que Hambourg, Brême, Copenhague ont bénéficié des facilités offertes par ce système et que le port de Lisbonne a vu son commerce des produits coloniaux (café, cacao, caoutchouc, lin, etc.) augmenter notablement le jour où les mesures du même genre y ont été adoptées.

Dans ces conditions, il y aurait le plus grand intérêt à établir, rapidement, dans certains ports français plus spécialement désignés par la nature de leur commerce et de leur trafic, des zones où toutes les opérations d'entrepôt, de manutentions, d'emballage, transformations et améliorations pourraient être effectuées.

Un projet de loi est actuellement soumis aux Chambres tendant à modifier le régime des entrepôts temporaires, dans le but de les faire bénéficier d'une partie des avantages de la zone franche.

Il serait à souhaiter que, si l'on n'a pas le mot, on eût au moins la chose et que le système ainsi amélioré des entrepôts temporaires, soit aussi libéral que le régime généralement connu sous le nom de « zones franches ».

Vœux.

I. — Considérant que le régime actuel de nos ports doit être en rapport avec les nécessités économiques du pays et que le développement de ces ports ainsi que leur meilleure exploitation sont devenus indispensables ;

Considérant que l'avenir de nos ports de commerce et les moyens d'en tirer avantageusement parti dépendent uniquement des décisions à prendre par l'Etat ;

Le Congrès émet le vœu que l'Etat, avant d'engager de nouvelles et importantes dépenses, ait recours, pour la construction et l'exploitation de nos ports de commerce: soit au régime d'une Administration autonome conçue sur des bases pratiques et industrielles, soit au système des concessions avec ou sans garantie d'intérêt.

II. — Considérant que la loi sur l'autonomie des ports votée en 1912 a donné lieu à un règlement d'Administration qui ne tient pas suffisamment compte des desiderata exprimés par les Chambres de commerce et qu'en conséquence l'application s'en est trouvée empêchée ;

Le Congrès émet le vœu :

Que la loi de 1912 soit maintenue et le règlement paru en 1916 modifié et que dans la composition du Conseil de direction, il soit réservé une place plus importante aux représentants compétents de l'industrie, du commerce et de la marine non seulement de la localité, mais de la région intéressée au développement du port.

III. — Considérant que, dans les ports où le régime de l'auto-nomie ne serait pas appliqué, la dispersion des chapitres de recettes et dépenses entre plusieurs services ou organismes : services des travaux, de l'outillage, des chemins de fer, etc., ne permet pas d'avoir une vue d'ensemble aussi bien sur l'importance du port que sur les sacrifices consentis pour son développement, son entretien et son exploitation ;

Considérant, d'autre part, que de l'état actuel des choses il résulte que les recettes et produits sont considérés par l'État comme formant une masse à répartir ensuite indifféremment sur tous les ports, en sorte que les ports déficitaires vivent aux dépens des ports bénéficitaires, alors que ceux-ci sont parcimonieusément pourvus des installations qu'appellerait précisément le développement de leur trafic ;

Le Congrès émet le vœu :

Que chaque port centralise la comptabilité de tous les services, de manière à faire établir annuellement un bilan de recettes et dépenses afférentes à chaque port, en même temps qu'une bonne statistique.

VI. — Considérant que la création de zones franches où les marchandises pourraient être entreposées en franchise, mélangées, améliorées, transformées, mais non usinées, aurait pour consé-quence d'accroître le mouvement maritime et l'activité industrielle qui en dérive ;

Le Congrès émet le vœu qu'il y aurait lieu, dans l'intérêt du commerce général, d'autoriser, dans l'enceinte douanière de nos grands ports, l'essai de zones spéciales, appelées *zones franches*, dans lesquelles les marchandises pourraient être entreposées en franchise, mélangées, améliorées, transformées, mais non usinées, et sans formalités spéciales douanières dans l'intérieur de la zone.

Approuvé par la Section X le 4 février 1918.

Le président :

F. MAINIÉ.

TABLE DES MATIÈRES

SECTION II

Imp. de Vaugirard, H.-L. Motti, Directeur, 12-13, Impasse Ronsin — Paris.